# 寂静的春天

〔美〕 蕾切尔·卡森　著

王晋华　译

中国画报出版社·北京

**图书在版编目（CIP）数据**

寂静的春天 / ［美］卡森著；王晋华译. --北京：
中国画报出版社，2016.4（2018.8 重印）
（插图典藏本）
ISBN 978-7-5146-1278-3

Ⅰ.①寂… Ⅱ.①卡… ②王… Ⅲ.①环境保护－普
及读物 Ⅳ.①X-49

中国版本图书馆CIP数据核字(2016)第045942号

寂静的春天　　　　　　［美］蕾切尔·卡森　著　　　王晋华　译

出 版 人：于九涛
责任编辑：赵　菁
插　　画：睿达点石插画
责任印制：焦　洋
出版发行：中国画报出版社
　　　　　（中国北京市海淀区车公庄西路33号 邮编：100048）
开　　本：32开（880mm×1230mm）
印　　张：8
字　　数：172千字
版　　次：2016年4月第1版　　2018年8月第7次印刷
印　　刷：三河市龙大印装有限公司
定　　价：32.00元

总编室兼传真：010-88417359　版权部：010-88417359
发　行　部：010-68469781　010-68414683（传 真）

**献给阿尔伯特·施韦泽**

他说过，"人类失去了预见和预防的能力。他们会因毁灭地球而灭亡。"

# 致 谢

1958 年 1 月，奥尔加·哈金丝给我写了一封信，提到在她的生活中许多东西已经失去了生机，这蓦然把我的思绪拽回到我曾关注过很长时间的一个问题。当时，我就觉得必须要写这样一本书。

此后，我得到了很多人的鼓励和帮助，限于篇幅，在这里不能一一列举。那些无私地与我分享他们多年经验和研究成果的人，其中有的在美国和其他国家的政府部门工作，有的任职于大学和研究机构，还有其他领域的人士。对他们慷慨付出宝贵时间所提出的诸多真知灼见，我在此表示最诚挚的谢意。

另外，还要特别感谢那些拿出时间阅读部分书稿并在专业领域提出建议和批评的人。虽然我对本书的准确性和真实性承担最终责任，但是如果没有以下诸位专家的无私帮助，我不可能完成此书，他们是：梅奥医院的医学博士巴塞勒谬（L.G.Bartholomew），得克萨斯大学的约翰·比塞尔（John J.Biesele），西安大略大学的布朗（A.W.A.Brown），康涅狄格州韦斯特波特市的医学博士莫顿·比斯金德（Morton S.Biskind），荷兰植物保护局的布雷约（C.J.Briejer），罗伯与贝西·维尔德野生动物基金会的克来伦斯·克莱尔（Goerge Crile, Jr.），康涅狄格州诺福克市的弗兰克·艾格勒（Frank Egler），梅奥医院的医学博士马尔科姆·哈格雷夫斯（Malcolm M.Hargraves），美国国家癌症研究所的医学博士休伯（W.C.Hueper），加拿大渔业研究委员会的克斯维尔（C.J.Kerswill），自然保护协会的奥洛斯·穆里（Olaus Murie），加拿大农业部的皮科特（A.D.Pickett），塔夫托卫生工程中心的克莱伦斯·塔泽维尔（Clarence Tarzwell），密歇根州立大学的乔治·华莱士（George J.Wallace）。

任何一本包含大量事实的著作都离不开图书管理员的娴熟技巧和热情帮助。我衷心感谢帮助过我的所有管理员，尤其是内政部图书馆的艾达·约翰斯顿（Ida K.Johnston）和国家卫生研究所图书馆的希尔玛·罗宾逊（Thelma Robinson）。

本书的编辑保罗·布鲁克斯（Paul Brooks），多年来一直给予我鼓励和支持，并欣然同意一再推迟出版计划。对此，以及对他出色的编辑工作，我将永远心存感激。

在繁杂的资料收集过程中，桃乐茜·艾尔格（Dorothy Algire）、杰尼·戴维斯（Jeanne Davis）和贝蒂·达夫（Bette Duff）都竭尽所能做出了他们杰出的贡献。写作过程中困难重重，如果不是我的管家艾达·斯波（Ida Sprow）的悉心照料，我也不可能完成这项工作。

最后，我还必须感谢那些素不相识的人，正是他们使本书体现出了价值。是他们率先站了出来，对那些不计后果、不负责任地毒害人类与各种生物的行为说"不"。现在这些人仍在战斗着，他们的义举将获得胜利，并会给人类带来理智和更为科学的认知，让我们学会与自然和谐相处。

蕾切尔·卡森

# 前　言

　　1958 年，蕾切尔·卡森开始写这本书的时候，她已经 50 岁了。作为一名海洋生物学家兼美国鱼类与野生动物管理局的撰稿人，她这样度过了大半生的时间。由于 7 年前出版的《我们周围的大海》一书取得了巨大的成功，现在她成了闻名世界的作家。这本书和后来的《海洋的边缘》共两本书的版税，使她能够全身心地投入到写作中去。对于大多数作家来说，这种情形无疑是完美的：声名显赫、写作自由，且不管内容如何，出版商都争先恐后地等着签约。人们都认为她的下一部书将会继承之前的风格，探索的对象新奇好玩、研究中透出轻松快乐。实际上，她也是这么打算的。但是在政府部门工作时，她与同事们都被所谓的农业防治计划中广泛使用的 DDT 和其他长效农药所造成的环境污染，给深深地震惊了。

　　由于意识到了这些农药的危害性，她写了一篇关于这个问题的文章，但是新闻界对此不屑一顾。10 年后，当杀虫剂和除草剂（其中一些比 DDT 的毒性强很多倍）导致大规模野生动物死亡并摧毁了它们的家园甚至威胁到人类的生存时，她觉得自己必须站出来，把真相告诉大家了。于是，她又写了一篇文章，试图引起各类媒体的注意。虽然她在当时是一位知名作家，但是各报纸杂志因害怕失去广告而拒绝刊登。例如，一家儿童罐装食品公司就声称，这篇文章会给使用该厂产品的妈妈们造成"无端的恐慌"（唯一例外的是《纽约人》，并在《寂静的春天》出版前连载了部分内容）。因此，唯一的办法就是写一本书——图书发行商没有广告的压力。最初，卡森想找别人来写这本书，但最后决定由自己来完成。许多仰慕她的人都怀疑卡森是否能把这一沉闷的主题写成一部畅销书，她自己也举棋不定，但是使命要她必须走下去。"如果继续保持沉默，我心里将永远无法平静。"她在给朋友的一封信中写道。

《寂静的春天》花了4年时间才最终完成。这本书里的研究课题与她之前的截然不同。她不再有在实验室里搞出新的发现时的那种兴奋和喜悦。现在的研究和叙述对象变得异常的严肃。她还需要有非凡的勇气：在生命最后的几年里，用卡森自己的话来说，她一直"饱受一系列病痛的折磨"。

她很清楚，她将受到整个化工界的猛烈攻击。因为她并不是简单地反对化学药剂的滥用——更根本的是，她明确指出了现代工业社会对大自然极不负责的态度。果然，这本书受到了冷酷无情、毫无底线的攻击，可以说自从一个世纪前达尔文的《物种起源》出版以来，还没有哪本书受到过这样的攻击。

化工界花费了数万美元来反驳本书并诋毁作者——她被描绘成一个愚昧无知、歇斯底里的女人，试图把整个世界拱手让给昆虫。但是，事与愿违，这些攻击使得这本书更加出名了，恐怕就连出版商的图书广告都望尘莫及。一家大化工厂试图阻止这本书的出版，因为卡森使消费者对这家化工厂的一种产品产生了抵触情绪。卡森没有屈服，这本书如期出版了。

她岿然不动，勇敢地只身面对这些责难。与此同时，《寂静的春天》带来的直接结果就是，肯尼迪总统亲自组建了一个科学顾问委员会调查小组，来研究杀虫剂问题。几个月之后，调查小组的报告出来了，证实了卡森的观点完全正确。蕾切尔·卡森对于自己的成就显得非常谦虚。当手稿接近完成的时候，她给自己的好友写了一封信，其中有这么一句："我想拯救的这个美丽世界在我心中是至高无上的——我对于那些愚蠢、野蛮的做法深恶痛绝……现在我认为起码自己能帮点儿小忙。"实际上，她的这本书使"生态学"这几个当时看来还很陌生的字眼儿，成了那个年代人们追求的热门事业。这本书也促成了各级政府对保护环境的立法工作。

时至今日，《寂静的春天》的价值和影响已经远远超出了它的那个时代。这本书架起了斯诺称为"两种文化"间的桥梁。蕾切尔·卡森不但是一位实事求是、训练有素的科学家，而且还具备诗人的洞察力和敏感性。不可否认，她对自然抱有强烈的情感。用她自己的话来说，了解得越多，就会越感到"不可思议"。因此，她把一本死亡之书变成了一首生命之歌。今天重温旧作，可以看出本书的意义比仅仅描述危机要广泛和深刻得多：它让我们意识到人类所面临的威胁——化学品对环境的危害；它让我们意识到，人类的生产和生活行为（当时几乎无人知晓）正在降低着地球上的生命质量。

　　《寂静的春天》提醒人们在这个过度程序化、过度机械化的时代，个人的主动性和勇气依然重要：变化可以发生，但不是通过战争或暴力革命，而是通过改变我们自身对世界的看法。

# 目　录

# 第一章　明天的寓言

　　从前，在美国中部的一个城镇里，一切生物的生长与它们的
环境都很和谐。城镇周围有许多充满了生机的农场，田野里长满
谷物，山坡上遍地果园。春天，繁花像朵朵白云点缀在绿油油的
大地上。秋天，穿过松林的屏风，橡树、枫树和白桦摇曳闪烁，
发出火焰般的暖色。狐狸在山丘中叫着，鹿儿静静穿过原野，在
秋晨的薄雾中若隐若现。

　　沿途的月桂树、荚蒾、桤木以及巨大的蕨类和野花在一年中
的大部分时间里让人目悦神怡。即使在冬季，道路两旁也是美不
胜收。数不清的鸟儿赶来啄食浆果和雪地里探出头的干草穗头。
事实上，这里正是因为鸟类丰富、数量繁多而远近闻名，每当潮
水般的候鸟飞落到这里，人们便长途跋涉，前来观赏。清爽明净
的小溪从山间流出，形成了有绿荫掩映、鳟鱼戏水的池塘，供人
们垂钓、捕鱼。所以，很多年前首批居民就来到这里筑房打井、
修建粮仓。

　　突然之间，整个地区出现了许多怪异的现象，一切都在改变
着。邪恶的咒语降临这个城镇：神秘的疾病席卷了鸡群，牛羊成

群病倒、死掉，死神的阴影无处不在。农夫们诉说着家人的疾病。城里的医生对患者新生的疾病感到困惑和无奈。人们会突然、莫名奇妙地死亡，不仅是成人，甚至就连孩子也会在玩耍时突然患病，在几个小时内死去。

一种神秘的寂静弥漫在空气中。鸟儿都去哪儿了？很多人都在迷惑、不安地问。常有鸟群飞来啄食的后院里已变得冷清。在一些地方，仅能见到几只奄奄一息的鸟儿，它们索索地抖着，已经飞不起来。这是一个无声的春天。这里的清晨，曾经飘荡着知更鸟、猫鹊、鸽子、樫鸟、鹪鹩以及很多其他鸟儿的啭鸣，现在却没有了一丝声响。周围的田野、树林和沼泽都淹没在一片沉寂之中。

农场上的母鸡在孵蛋，却没有小鸡破壳而出。农夫们都在抱怨无法养猪了——新生的猪仔太小，而小猪也活不过几天。苹果树花儿开了，但是花丛中却不见蜜蜂嗡嗡地飞来飞去。所以，苹果花无法授粉，也就不会有果实。小路旁边的景色曾经那么招人喜爱，如今立在那儿的只有焦黄、打蔫的植物，就像经历了一场大火。这些地方失去了生机，一片死寂。甚至小溪也无法幸免。钓鱼的人再也不来了，因为所有的鱼都死了。

在屋檐下的水槽里和房顶的瓦片之间，还隐约地能看出敷着一层白色的粉粒。几个星期之前，这种白色粉粒像雪一样落在房顶、草坪、田野和小溪里。这个世界在变得伤痕累累，可这施害的不是魔法，也不是什么天敌，而是人类自己。

这个城镇是作者假设的，但是可以轻易找到千百个这样的环境正在遭到破坏的城市。我知道，并没有哪个城镇遭受过我所描述的所有灾难。但在有些地方，上面列举的一些灾祸实际上已经出现了，很多地方已经发生了大量的不幸事件。人们没有意识到，一个面目狰狞的幽灵已向我们袭来。人们应该知道，我想象出的这一悲剧有可能变成赤裸裸的现实。那么，是什么让无数个城镇中春天的声音沉寂下来的呢？本书将尝试着予以解答。

# 第二章　忍耐的义务

　　在地球上生命的进化过程中，生物和环境相互作用。在很大程度上，地球上动植物的自然形态和生活习性都是由环境塑造的。就地球存在的整个时间而言，生命改造环境的反作用是微不足道的。直到出现了一个新物种——人类，尤其是到了 20 世纪，生命才获得了改造自然的巨大力量。在过去四分之一的世纪里，这种能力不仅增长到了令人不安的程度，而且有了本质上的变化。相比起来，最令人担忧的是人类对环境的侵蚀。空气、土地、河流和海洋都受到了严重的，甚至是致命的污染。这种污染在很大程度上是难以恢复的，它所引起的一连串的负面效应在很大程度上是不可逆转的。这些负面效应不但出现在孕育生命的外部世界，而且进入生物的内部组织。在影响环境的普遍污染源中，化学药品危害很大，甚至可以与辐射不相上下，只是我们知之甚少。在核爆炸中所释放的锶90，会随着雨水或以飞尘的形式降落到地面，进入土壤，然后被草、谷物和小麦吸收，最终，在人的骨骼中安营扎寨，直至其死亡。同样，喷洒在农田、森林和花园的农药，长期存在于土壤里，然后进入生物体内，引起动植物的中毒和死亡，并在食物链中不断迁移；或者在地下水中潜伏游荡，等它们再度出现时，会通过空气和阳光的作用，结合成新的化合物。这种新物质会毁坏植被，导致动物患病，并且在不知不觉中给那些曾经长期饮用井水的人造成伤害。正如阿尔伯特·施韦泽所说："人们甚至还不认识自己创造出的魔鬼。"

地球上物种的进化和演变经历了亿万年的时间，在这一过程中，它们逐渐适应了周围的环境，并与之和谐相处。自然环境中包含着各种有利和不利的因素，极大地影响着生物的形态，并指引着生物进化的方向。某些岩石会放出有害的辐射；就连给予生命能量的阳光，也包含着伤害生命的短波辐射。生物的进化与自然的平衡，所需要的时间不是一年两年，而是上千年。时间是最基本的要素，但在当今的世界里找不出充裕的时间。各种变化和新情况，都紧随着人类无暇他顾的步伐疾步向前，而不是跟着大自然的脚步从容行进。

远在地球生命出现之前，辐射就早已存在了，它遍布于放射性岩石、宇宙射线爆炸和太阳紫外线之中。当今的辐射是基于原子试验的人工研究。生命在做出调整的过程中所遇到的化学物质再也不是从岩石里冲刷出来和由河流带到大海里的钙、硅、铜以及其他无机物了，它们是实验室里创造的别出心裁的人工合成物，而这些物质在自然界中是无法产生的。

适应这些化合物所需的时间要以自然历史的维度进行衡量，它耗费的不是一代人的时间，而是几代人的生命。即使发生奇迹，适应变得可行，结果也是徒劳的，因为新的化学物质就像源源不断的溪流从我们的实验室里喷涌而出。单就美国而言，每年大约就有 500 种新的化学物质进入施用领域。这么大的数量令人震惊，但其危害却不是显而易见的——人和动物的身体每年都要去适应这 500 种新的化学物质，这远远超出了生物体所能承受的极限。

这些化学物质大多用于人类对大自然的征服过程中。从 19世纪 40 年代中期以来，人们创造了 200 多种基本的化学药品，用于杀死昆虫、野草、啮齿动物和被俗称为"害虫"的其他生物。这些化学药品的商标数量高达上千种。这些喷剂、药粉和气雾剂被广泛用于各个农场、森林、果园和家庭。这些化学药品威力巨大，昆虫无论"好坏"，一律格杀勿论。就是它们让鸟儿的歌声沉寂，让河里的鱼儿悄无声息，给树叶蒙上一层致命的薄膜，并长期滞留在土壤中——人们原本的目的可能仅仅是杀死几种杂草和昆虫。又有谁会相信在地球上投下化学烟幕弹，不会给所有的生命造成危害呢？它们不应该叫作"杀虫剂"，理应称为"杀生剂"。使用化学药品的整个过程就像一个无尽的螺旋上升的气团。自从DDT 允许使用以来，随着更多有毒物质不断出现，一个不断升级的过程开始了。因为昆虫成功地证明了达尔文适者生存原理的正确性，它们通过进化产生了抗药性。因此，人们会发明一种药性更强的药品，昆虫再适应，然后又生产一种毒性更大的毒药。其原因后面有所解释，在喷洒药物之后，害虫常常会卷土重来或者死而复生，数量甚至比以前更多。这样下去，化学战争不可能取胜，而所有的生命都在残酷而猛烈的炮火下遭殃。

人类除了有可能被核战争所毁灭之外，如今还面临一个中心问题，那就是对整个环境的污染，有些物质的破坏力量令人难以置信——它们在动植物的组织里积累，甚至渗入到生殖细胞中，损坏或者改变决定未来形态的遗传物质。

一些自称人类未来工程师的人，期望有一天可以改变甚至设计我们的遗传细胞。但是由于我们的疏忽大意，今天就可以轻易地做到这一点。因为很多化学药品跟辐射一样，能够轻易地导致基因突变。表面上一件微不足道的小事，诸如选择一种杀虫剂可能会决定人类的未来，这样一想，不免觉得具有讽刺意味。

冒这么大的风险，为的是什么呢？将来的历史学家也许会为我们权衡利弊的低下判断力感到惊奇。智力发达的人类怎么会为了控制几种不需要的生物，宁可污染整个环境，并给自身带来疾病和死亡的威胁呢？然而，这恰恰是我们做过的！有时候我们还没有搞清楚问题就已经开始了行动。

我们听说杀虫剂的广泛使用是维持农场产量所需的，然而问题不正是"生产过剩"吗？虽然采取了措施减少农作物的耕地面积，并且付钱给农民，不让他们耕作，我们生产的过剩粮食还是到了令人咂舌的地步。美国仅在1962年一年之内用于存储粮食方面的税收就超过10亿美元！农业部的一个部门试图减少生产，另一个部门却如同它在1958年所做的那样唱起了反调，"一般情况下，在土地银行的规定下，耕地面积减少，为了在现有土地上获得最大产量，人们会使用更多的化学农药"。这样做的话，能解决问题吗？

并不是说昆虫不是问题或者不需要进行控制。我的意思是，控制必须结合实际，不能基于毫无根据的臆想，也不要使用那些连同我们跟害虫一起毁灭的方法。

在尝试解决问题的过程中，产生了一系列灾难，这也是我们现代生活的产物。在人类出现很久之前，昆虫就是地球上的居民了，它们种类繁多、适应力强。人类出现以来，50多万种昆虫中的一小部分，主要以两种方式与人类的利益相冲突：一是争夺食物；二是传播疾病。在人口拥挤的地方，传播疾病的昆虫就会发威。例如在爆发自然灾害、发生战争或是极端贫困的情况下，卫生状况很差，这时对一些昆虫进行控制就非常必要。我们应该清醒地认识到，化学药品的大量使用仅取得了很有限的成功，我们本打算用这种方法改善状况，却可能使情况变得更加糟糕。

在原始农业条件下，昆虫不是问题。这个问题的出现是伴随着农业的规模化生产而出现的——在大面积的土地上种植同一种作物。这样的耕作方法为某种昆虫数量的爆发提供了有利条件。这种耕种方式只是工程师的想象中的农业，并不符合自然规律。大自然赋予大地多样性，但人们却热衷于简化它。这样，人类亲手毁坏了自然界中业已存在的制约和平衡机制，大自然中的生物之所以维持在一定数量，就是因为它的存在。大自然对每种生物适宜的栖息地都做了一定的限制。很明显，一种食麦昆虫在麦田的繁殖速度要比在套种其他作物的农田里快得多，因为这种昆虫不适应其他作物。

其他情况下也发生过类似的事情。在上一代人或更久以前，美国大城镇的街道两旁都种上了榆树。而现在，他们满怀希望所创造的美丽风景遭受着被完全毁灭的风险，因为某种由甲虫传播的疾病席卷了所有的榆树。如果栽上多种植物的话，甲虫就不可能泛滥成灾了。

现代昆虫问题的另一个方面必须要放在地质学和人类历史的

背景中思考：成千上万不同种类的生物从自己的领地不断蔓延至新的区域。英国生态学家查尔斯·埃尔顿在其最新著作《入侵生态学》中对世界性的大迁徙进行了研究和生动的描述。在亿万年前的白垩纪，肆虐的海水切断了很多大陆桥，各种生物被困在埃尔顿所称的"巨大的独立自然保护区"内。它们与同类的伙伴被隔绝开来，慢慢进化出了许多新的物种。大约在 1500 万年以前，当一些大陆被重新连接后，这些物种开始迁移到新的地区。这一运动现在仍在进行，而且得到了人类的大力协助。

植物的进口是当今物种传播的主要原因，因为动物总是一成不变地追随着植物迁徙。检疫手段虽然很新，但是并不完全有效。仅美国植物引进署就从世界各地引进了大约 20 万种植物。大约 180 种植物害虫，其中一半左右是意外地从国外带进来的，而大多数是搭植物的便车过来的。

在新的领地，由于它们缺乏天敌，入侵的动植物可能不受限制，因此会泛滥成灾。所以，我们面临最麻烦的昆虫问题，并不是偶然的。这些入侵活动，不管是自然发生的，还是我们人类造成的，都可能会无休止地进行下去。检疫和化学之战仅仅是花钱买时间玩。我们所面临的情况正如埃尔顿博士所说，"我们需要的不仅仅是抑制某种动植物的新技术"；重要的是，我们需要掌握动物种群与环境的关系来"促进生态平衡，抑制昆虫的爆发，并且防止它们的入侵。"

很多必备知识触手可得，但我们不用。我们在大学里培养生态学家，甚至雇他们来政府部门工作，却把他们的话当作耳旁风。我们任凭致命的化学药剂像下雨似的任意喷洒，仿佛别无他法。

事实上，只要提供机会，凭我们的聪明才智可以很快发现很多其他办法。

我们是否被催眠了，失去了判断好坏的意志和能力，进而不得不接受低劣有害的东西呢？用生态学家保罗·舍帕德的话来说，"我们刚把头探出水面就觉得心满意足，却不知环境的崩溃近在咫尺……为什么我们要对有毒的食物保持缄默，要忍受周围的孤寂，并纵容他人与并非真正敌人的'老相识'开战，还要忍耐快要使人发疯的机器轰鸣？又有谁愿意生活在这样一个死气沉沉的世界上呢？"

然而，这就是我们所面对的世界。创造一个无菌、无虫害的世界激起了一部分专家和大多数所谓管理机构的极大热情。无论从哪方面看，那些忙着推广农药的人都在滥用权力。康涅狄格州的昆虫学家尼利·蒂默说道，"负责监管的昆虫学家扮演着起诉人、法官和陪审、估税员、税务员和司法官员等多种角色，从而发号施令。"

我并不是说完全不能使用化学杀虫剂。我要指出的是，我们竟然随意地把毒性很强和对生物影响巨大的化学药剂交给了那些对此知之甚少甚至一无所知的人们。我们没有经过人们的同意，也没有告知他们其中的危害，就让这么多人接触到了这些毒药。《权利法案》中没有规定：公民有权不受致命毒药的威胁，不管来自于个人，还是政府官员。这是因为，纵使我们的先辈们智慧过人，具有远见卓识，也无法预料这样的问题。

此外，我还要强调，我们很少或从未调查化学药品对土壤、水、野生动物以及人类自身的影响之前，就允许它们投入使用。

由于我们不够谨慎，对滋养万物的整个自然世界未能给予足够关切，将来，子孙可能不会原谅我们的所作所为。人们对于威胁的实质认识有限。这是一个专家的时代，每个人只看到自己的问题，而意识不到或者不愿意把它放在更加宏观的层面。这也是一个工业主宰一切的时代，为了赚钱不计代价的风气到处盛行。

当人们抓住一些杀虫剂造成破坏的确凿证据而起来抗议时，政府就会给他们喂下镇定药丸儿，成分是一半真相一半谎言。我们迫切需要尽快结束这份虚假的承诺，不要再为丑恶的事实包裹糖衣。灭虫人员所造成的危害正由公众承担。只有在了解到事实的真相之后，人们才能而且必须做出决定是否沿着这条路走下去。正如吉恩·罗斯坦德所言："忍耐的义务给予了我们了解真相的权利。"

# 第三章 死神之药

　　每个人从出生到死亡，每天都不得不接触危险的化学药品，这在世界历史上还是头一遭。自投入使用以来不到20年的时间里，杀虫剂传遍了世界各个角落。大部分主要水系，甚至连看不见的地下水都含有药物残留。十几年前使用过的化学药物仍然会残留在土壤中。它们已经侵入到了鱼类、鸟类、爬行动物、家畜和野生动物的体内。在科学家进行的动物实验中，没有发现不受其影响的动物。在偏远的山涧湖泊的鱼儿体内，在土壤中蠕动的蚯蚓体中，在鸟蛋里，甚至在人的身体里都发现了化学药物的成分。如今，无论男女老少，大部分人体内都有化学残留。它们会出现在母亲的奶水中，而且有可能入侵胎儿的机体组织。

　　所有这一切，都是因为生产具有杀虫特性的人造化工业的突然崛起和迅猛扩张。这种工业是第二次世界大战的产物。在研制化学武器的过程中，人们发现实验室中的一些化学药品可以杀死昆虫。这一发现绝非偶然，因为昆虫曾被普遍用来试验，当了人类的替死鬼。结果，人类源源不断地生产合成杀虫剂。在制造过程中，科学家巧妙地操控分子、代替原子，改变它们的排列，这些是战前简单的杀虫剂所无法比拟的。战前化学品的原料——砷、铜、锰、锌以及其他的化合物，都取自天然的矿物和植物，如干菊花做的驱虫粉，烟草类中的尼古丁硫酸盐，东印度群岛豆科植物中的鱼藤酮，等等。

新型合成杀虫剂之所以与众不同是因为它们对生物影响巨大。它们的威力不仅在于毒性大，而且可以破坏人体最关键的生理过程，引起病变并经常导致死亡。如我们所知，它们摧毁了保护人类免受伤害的酶，妨碍人类获取能量的氧化过程，破坏各器官的本来功能，还可能引起细胞发生慢性的不可逆的变化，导致恶性肿瘤的出现。然而，每年还会有新的、更多的致命化学药物问世，也出现了新的用途，所以全世界都在与这些药物亲密接触。1947 年，美国合成杀虫剂的产量为 1.24259 亿磅[①]，到了 1960 年，这一数字飙升到 6.37666 亿磅，增长了 5 倍多。这些产品批发总价超过 2.5 亿美元。但是，从化学工业的计划和远景看来，这仅仅是开始。

因此，杀虫剂及其使用应该引起我们每个人的重视。如果我们与它们密不可分，我们的饮用水以及食物中甚至骨髓里都有，那么，我们最好了解一下它们的特性和药力。尽管第二次世界大战标志着杀虫剂从无机化合物转向奇妙的碳分子世界，仍然有少数物质得以保留。其中主要物质之一就是砷，它仍是除草剂和杀虫剂的主要成分。砷的毒性很强，广泛分布于各种金属矿石中，少量存在于火山、海洋和温泉中。它与人类关系复杂、渊源颇深。

---

① 1 磅 =0.4536 千克

因为很多砷化物是无味的，所以从波吉亚家族起，人类就选择用它来杀人。大约早在两个世纪之前，一位英国医师就发现，烟囱灰中含有的砷与一些芳香烃一样可以致癌。长期以来，砷引起的人类慢性中毒的现象是有案可查的。日常环境中的砷污染也会导致马、牛、羊、猪、鹿、鱼、蜜蜂等动物患病或死亡。即便如此，砷雾剂和药粉仍在广泛使用。长期使用砷粉剂的农民患上了慢性砷中毒，牲畜也因含砷的喷剂和除草剂而中毒。喷洒在蓝莓地里的砷药粉飘落在附近的农田里，污染了溪流，最终使蜜蜂和奶牛中毒，并导致人类得病。"我们国家对砷污染不管不顾的做法，简直到了极端的地步……"美国环境致癌权威机构——国家癌症研究院的 W.C·休伯说，"任何人只要见过工人使用喷粉机和喷雾器的工作状态，就一定会被他们处理这些有毒物质的随意态度所震惊。"

现代杀虫剂更加致命。大部分药剂可以划归为两个化学品门类：一类是以 DDT 为代表的"氯化烃"；另一类是包含各种有机磷的杀虫剂，以较为常见的马拉硫磷和对硫磷为代表。它们都有一个共同点，如前文所提到的，它们都是以碳原子为基础的，这是生物不可或缺的基本成分，因而称为"有机物"。要了解它们，我们必须明白它们是什么以及是如何制成的。尽管与构成生物的化学物质相似，它们还是被改造成了死神的先锋官。

碳原子可以任意地与链、环或其他结构中的碳原子互相结合，并无限地继续下去，也可以与其他物质的原子相结合。事实上，从细菌到巨大的蓝鲸，自然界中令人叹为观止的生物多样性正是源于碳的这种特性。复杂的蛋白质分子就是以碳原子为基本成分的，如脂肪、碳水化合物、酶、维生素等。很多非生物也是如此，因为碳并不代表生命。一些化合物只是碳氢的简单组合，其中最简单的是甲烷，又称沼气，它是自然界中水下有机物经细菌分解产生的。甲烷与一定比例的空气混合，就会变成煤矿中可怕的"瓦斯"。它的结构极其简单，由一个碳原子和四个氢原子组成。

$$\begin{array}{ccc} H & & H \\ & C & \\ H & & H \end{array}$$

化学家们发现，可以去掉一个或者全部的氢原子，用其他原子替换。例如，用一个氯原子代替一个氢原子，可以制成氯化甲烷；

$$\begin{array}{ccc} H & & Cl \\ & C & \\ H & & H \end{array}$$

用三个氯原子替换三个氢原子，可以制成麻醉氯仿。

$$\begin{array}{ccc} H & & Cl \\ & C & \\ Cl & & Cl \end{array}$$

把所有的氢原子都替换成氯原子，就会生成最常见的清洁剂——四氯化碳。

$$\begin{array}{ccc} Cl & & Cl \\ & C & \\ Cl & & Cl \end{array}$$

简单说来，这些围绕甲烷分子的基本变化说明了氯化烃的构成。但是，这种简单的说明与烃的真正复杂性，或者有机化学家创造各种材料的丰富手段相去甚远。除了单一碳原子的甲烷外，他们还能够改变许多碳原子组成的碳水化合物分子。这些碳原子呈环状或链状，还有侧链和分支。连接它们的化学键不仅仅是氢原子和氯原子，还有各种化学群。看似微不足道的变化，足以完全改变物质的特性。例如，不但附着的元素很关键，就连附着的位置都至关重要。如此精巧的操控催生了一系列杀伤力巨大的毒药。

　　一位德国化学家在 1847 年首次合成了 DDT（双氯苯基三氯乙烷），但是直到 1939 年，人们才发现它具有杀虫的特性。随即，DDT 被誉为害虫的终结者，可以一夜之间铲除害虫，帮农民打赢"战争"。瑞士人保罗·穆勒因为发现了 DDT 的杀虫功效而获得了诺贝尔奖。现在，DDT 被广为使用。大部分人认为这是一种常见的无害产品。这一印象可能源于战争时期，成千上万的士兵、难民和囚犯在身上涂抹 DDT 来对付虱子。这么多人都在亲密接触 DDT，而没有产生直接的危害，所以，人们普遍相信这种化学品肯定是安全的。这样的误解倒也可以理解，与其他氯化物不同，干粉 DDT 不容易透过皮肤而被吸收，但其溶于油的话，DDT一定有毒，人们通常也是这么认为的。如果吞食了 DDT，它会通过食道被慢慢吸收，还可能通过肺吸收。它一旦进入人体，就会存留在富含脂肪的器官（因为 DDT 本身溶于油脂），如肾上腺、睾丸、甲状腺。相当大一部分 DDT 会滞留在肝、肾以及包裹着肠膜的脂肪里。

　　可以想象，DDT 在体内的存量从最小的摄入量（残留于大多数食物中），直至达到很高水平。脂肪就像仓库一样，起着生物放大器的作用，因此食物中千万分之 1 的微小摄入量，会在体内积累到百万分之 10 到百万分之 15，即增加 100 多倍。这些数字在化学家或药物学家的眼里稀松平常，但我们大部分人却对此知之甚少。百万分之 1，听起来很小，也确实很小，但是，这些化学药物药效惊人，极小的量足以引起巨大变化。动物实验发现，化学药物百万分之 3 的量就可以抑制心肌中一种重要酶的作用；百万分之 5 就会引起肝细胞的坏死或衰变，而百万分之 2.5 的狄氏剂和氯丹效果是一样的。这并不令人诧异，在正常人体中化学物质的细微差别就能导致结果的巨大差异。例如，万分之 2 克的碘就足以决定人的健康与疾病。由于少量的杀虫剂是逐渐积累的，而且排泄过程十分缓慢，所以肝脏以及其他器官的慢性中毒和退化病变是真实存在的。

关于人的体内会存留多少 DDT，科学界还没有统一认识。食品与药物管理局主任药物学家阿诺德·莱曼博士说，因为 DDT 的吸收不存在下限，也没有上限，所以，不管多少都会吸收。另外，美国公共卫生署的维兰德·海耶斯却认为，每个人的体内都会有一个平衡点，超过这个限度，DDT 就会被排泄出来。实际上，谁的观点正确并不重要。我们已经对 DDT 在人体内的残留进行了充分调查，并且了解到普通人体内的药物残留具有潜在危害性。各项研究表明，没有直接接触的人（不可避免的饮食除外）平均药物残留量为百万分之 5.3 到百万分之 7.4；从事农业劳动的人为百万分之 17.1；杀虫剂工厂里工人的数值居然高达百万分之648！可见残留药物的变化幅度很大，更重要的是，即使最小的数值也已经超过了肝脏、其他器官和组织的承受能力。

　　DDT 以及同类化学药品的最危险的一个特征是，它们可以通过食物链从一个有机体内转移到另一个有机体内。例如，在苜蓿地喷洒了 DDT，然后把苜蓿喂给母鸡，母鸡下的蛋中也会含有 DDT。或者，把含有百万分之 7 到百万分之 8DDT 的干草喂养奶牛，牛奶中就会含有大约百万分之 3 的 DDT；在牛奶制成的黄油中，其浓度会骤升至百万分之 65。通过这样的传导过程，本来很小量的 DDT，最后会达到很高的浓度。虽然食品与药物管理局禁止州际贸易中的牛奶有农药残留，但是如今，农民们很难找到未受污染的饲料来喂养奶牛了。

　　毒素还可以由母亲传给子女。食品与药物管理局的科学家们已经从人奶取样中检测出了农药成分。这意味着婴儿在用母乳喂养的时候，也在不断地吸收、积蓄有毒的化学毒素。然而，这绝不是小孩子第一次接触有毒化学品，有充分的理由相信，他在胚胎时期就已经开始"吸毒"了。动物实验表明，氯化氢农药可以毫不费力地穿过胎盘壁垒，而胎盘正是胚胎与母体之间阻挡有害物质的保护层。虽然，婴儿通过这种方式吸收的有毒物质比较少，却不容忽视，因为孩子比大人更容易中毒。这就意味着，普通人从一出生就吸收有毒物质，并在以后的生命里不断累积。

　　所有的事实——即使人体内积累的毒素很少，但是加上之后的蓄积，正常饮食中化学残留也会对肝脏造成各种损伤，它促使食品与药物管理局早在 1950 年就宣布，"DDT 潜在的危害极有可能被低估了"。医学史上类似的情况从无先例，没人知道最终的结果会怎样……

另一种氯化烃——氯丹，不仅具有DDT所有令人讨厌的性质，还拥有一些独有的特性。其残留物会在土壤、食物或施用过氯丹的物体表面长期滞留。它无孔不入，可以通过皮肤渗入，还会以喷雾或粉末的形式被吸入。如果吞食了氯丹残留物，理所当然地会被消化道吸收。与其他氯化烃一样，氯丹也会在体内慢慢累积。动物实验表明，一次进食包含百万分之2.5的氯丹，最终在动物脂肪中会增加到百万分之75。像莱曼博士这样经验丰富的药物学家曾在1950年称，"氯丹是毒性最强的杀虫剂之一，任何接触的人都可能中毒"。对于这个警告，谁也不当回事，郊区的居民依然我行我素，随意使用氯丹配制杀虫剂，并慷慨地喷洒在自家的草坪上。他们没有立即患病不具有任何说服力，因为毒素可以在他们体内潜伏很久，直到几个月或几年后才会突然发病。但那个时候病因已经不可能查清了。更可怕的是，死神可能突然降临。一位受害者不小心把一种百分之25的工业溶液洒到皮肤上，40分钟内就出现了中毒迹象，还没来得及抢救就死了。即使提前警告能够使中毒事件得到及时处理，但指望这个来解决问题并不靠谱。

氯丹的成分之一——七氯，在市场上作为一种单独的制剂出售。它极易被脂肪吸收储存。如果饮食中包含百万分之1的七氯，体内就会积聚起大量毒素。此外，它还可以神奇地变换成另一种不同性质的物质——环氧七氯。这样的变化在土壤中及动植物组织中都会发生。鸟类药物实验表明，这种转变产生的环氧化物比原来七氯的毒性更强，而七氯的毒性已经是氯丹的4倍了。

早在20世纪30年代中期，人们便发现了一类特殊的烃类——

氯化萘。在工作中直接接触的人会得肝炎，这也是一种罕见的、难以治愈的致命疾病。它能导致从事电气工业的工人患病，甚至死亡。最近，人们认为它导致了农户的牛群患上了奇怪的致命疾病。鉴于这些先例，不难理解，毒性最强的三种杀虫剂是与这类烃相关的狄氏剂、艾氏剂和安德萘。

狄氏剂是以一位德国化学家狄尔斯的名字命名的。吞食狄氏剂的话，它的毒性是DDT的5倍，但是狄氏剂溶液通过皮肤吸收后，其毒性相当于DDT的40倍。狄氏剂臭名昭著，因为它使人快速发病，并攻击受害者的神经系统，使患者出现抽搐等症状。中毒的人恢复过程十分缓慢，足以证明其危害的持续时间很长。像其他氯化烃一样，这些损害也包括对肝脏的严重损伤。尽管它的使用会大规模地毁灭野生动物，但是由于药效持久、杀虫功效显著，狄氏剂成为应用最广的杀虫剂之一。鹌鹑和野鸡实验证明，狄氏剂的毒性大约是DDT的40倍到50倍。

狄氏剂是如何在体内储存、分布和排泄的，我们不甚了解。因为化学家们创造杀虫剂的才能远在我们的认识之上，而这些化学药品对生物体的影响，我们还没怎么搞清楚。然而，种种迹象表明，药物残留会长期存留于人体，像休眠的火山一样，当人产生生理压力消耗大量脂肪时，它们就会突然爆发。我们所知道的信息，大都来自世界卫生组织进行的艰苦抗疟运动。在疟疾防治中，自从狄氏剂取代DDT后（因为蚊子已经对DDT产生了抗药性），喷药人员开始出现中毒现象。病症发作非常剧烈，一半甚至全部的中毒者（因工作情况，病症各异）发生了痉挛，一些人会死去，一些人在接触完药物4个月之后才出现抽搐现象。

艾氏剂是蒙着一层面纱的物质，略显神秘。因为它虽然作为独立的个体而存在，但又因其变化而与狄氏剂紧密相关。如果一片萝卜地使用了艾氏剂，这里的萝卜会有狄氏剂残留。这种变化能在机体组织里发生，也能在土壤里发生。这种神奇的变化已经导致了许多错误的报告。因为化学家要检测的目标是艾氏剂，所以他会认为残留已经消失了。实际上，残留物已经变成了狄氏剂，因而需要其他的检测方法。

跟狄氏剂一样，艾氏剂也有剧毒，会引起肾脏和肝脏的退化病变。一片阿司匹林大小的剂量，足以杀死400多只鹌鹑。很多人类中毒的案例已经出现，其中大多数与工业接触有关。

与很多同类杀虫剂一样，艾氏剂给未来投下了一层可怕的阴影——不孕症。野鸡吃下很小剂量的艾氏剂不会死去，产蛋量却大大减少，而且孵出的小鸡不久便会死去。这种影响不局限于禽类。接触艾氏剂的母鼠，怀孕次数也会减少，而且幼鼠多病短命。经过艾氏剂治疗的母狗，产下的小狗三天就死了。这些动物的后代都因为这样或那样的原因而受难，原因就是父母体内的毒素。没人知道，同样的悲剧是否会发生在人类身上。但是，这种化学药物已经通过飞机洒向了郊区和农田。

安德萘是所有氯化烃中毒性最强的。虽然化学性质与狄氏剂关系紧密，但分子结构的细微变化使它的毒性5倍于狄氏剂。此类杀虫剂的始祖——DDT的毒性与安德萘相比可以算得上是无毒无害了。安德萘对哺乳动物的毒性是DDT的15倍，对鱼类是30倍，对于一些鸟类则高达300倍。在投入使用的10年中，安德萘毒死了不计其数的鱼类。漫步在果园的牛也会身中剧毒。井水也被污染。至少有一个州的卫生部门发出警告：盲目使用安德萘已经威胁到了人类的健康。

在一起最悲惨的中毒事件中，并没有出现明显的疏忽，因为人们已经采取了足够的预防措施。一个一岁的美国小男孩跟着父母搬到了委内瑞拉。他们的新家里发现了蟑螂，所以，几天后他们使用了含有安德萘的喷剂。大约在早上9点，在开始喷药之前，孩子和小狗都被带到了屋外。喷药过后，父母又清洗了一遍地板。下午的时候，孩子和小狗才被带回到屋里。大约一小时后，小狗开始呕吐、抽搐，最后死去。当天晚上10点左右，孩子也开始呕吐、抽搐，失去知觉。与安德萘致命的接触，使这个本来健康的正常孩子变成了植物人——看不见、听不到、肌肉频繁痉挛，完全与世界隔绝开来。在纽约一家医院里经过几个月的治疗，这个孩子的中毒状况也没能改善，或带来一丝改善的希望。主治医师说："出现有效恢复的机会非常渺茫……"

第二大类杀虫剂——烷基或有机磷酸盐，可跻身毒性最强的化学品之列。与其应用伴随的是急性中毒。喷药作业或者碰巧接触到飘浮的飞沫、喷洒过药剂的蔬菜和丢弃的药剂容器都有危险。在佛罗里达州，两个小孩找到一只空袋子，用它来修补秋千。不久，他们便死去了，另外三个小玩伴也病倒了。原来，这只袋子曾用来装一种叫作对硫磷的杀虫剂，这是一种有机磷酸盐。经检验证实，两个孩子死于对硫磷中毒。还有一次，威斯康星州的一对小表兄弟在同一晚上死去。其中一个孩子在自己家的院子里玩耍时，农药飘了进来，因为当时他的父亲在附近的田地里给土豆喷洒对硫磷。另一个小孩跟着自己的父亲跑进谷仓玩耍，并用手抓了一下喷雾器的喷嘴。

这些杀虫剂的出现多少都具有讽刺意味。虽然一些化学品——有机磷酸酯，人类早已熟知，但是直到20世纪30年代末，才由德国化学家格哈德·施瑞德发现其杀虫功效。德国政府立刻意识到，这些化学品可以作为新的强大武器在战争中对付敌人，于是，宣布研究工作为重要机密。一些化学物质被制成了神经毒气，另一些结构相似的则被制成了杀虫剂。

有机磷杀虫剂以一种独特的方式作用于生物体。它们可以破坏在人体中起重要作用的酶。不论受害者是昆虫还是温血动物，它们攻击的目标是神经系统。正常情况下，神经脉冲借助一种叫作乙酰胆碱的"化学传导器"在神经间传递。这种物质完成必要的任务后就会消失。实际上，它的存在非常短暂，以至于医学研究人员需要经过特殊处理才可能在其遭受破坏之前完成取样。这种短暂的化学传导正是身体所必需的。一次神经脉冲通过后，如果不及时消除乙酰胆碱，脉冲就会继续在神经间飞速穿梭。因为这种物质的作用会变得越来越强，所以整个身体会变得不协调——颤抖、抽搐，紧接着死亡。

我们的身体已经为此做好了准备。有一种叫胆碱酯酶的保护性酶，在不需要传导物质的时候就把乙酰胆碱消除。我们的身体通过这种方式实现了一种精确的平衡，因而不会因积累很多乙酰胆碱而产生危险。但是一接触到有机磷杀虫剂，保护性酶就会被破坏。酶的减少导致乙酰胆碱逐渐积蓄。从作用上看，有机磷化合物与一种毒蘑菇里发现的生物碱——毒蝇碱很相似。重复接触会降低胆碱酯酶的含量，直至急性中毒的边缘，再增加一点儿有机磷化合物的话就可能中毒，所以，对喷药人员和经常与之接触的人定期进行血液检查是必要的。对硫磷是一种使用最为广泛的有机磷酸酯之一，也是毒性最强、最危险的。蜜蜂在接触它之后会变得"焦躁而好斗"，并做出近似疯狂的骚动，半个小时内就会死亡。一位化学家想用最直接的方式搞清楚人类急性中毒的剂量。他吞下了很少量的对硫磷，大约 0.00424 盎司①，结果马上就瘫痪了，甚至来不及够到早已备好、放在手边的解毒剂，就这样死去了。

据说在芬兰，对硫磷是最受欢迎的自杀工具。近年来，加利福尼亚每年大约有 200 例意外中毒事件。世界各地，对硫磷引起的中毒死亡事件也令人震惊。1958 年，印度发生 100 起，叙利亚出现 67 起。在日本，平均每年有 336 人因其中毒而死。如今，美国的农田和果园每年要消耗约 700 万磅对硫磷，有使用手动喷雾器的，有使用电动鼓风机和喷粉器，还有使用飞机作业的。一位医学界的权威说，加利福尼亚农场的喷洒量，"就可以毁灭全球人类 5~10 次"。

在一种情况下，我们也许会幸免于难，因为对硫磷及其同类化学物质分解的速度较快。因此，与氯化烃相比，它在庄稼上的残留时间比较短，然而，即使是较短的时间也足以造成伤害，引发严重后果，甚至死亡。在加利福尼亚里弗赛德市，30 个采橘人中，有 11 人中毒严重，除一人外，全部被送往医院救治。他们的症状就是典型的对硫磷中毒。大约两个半星期之前，这片果园

---

① 1 盎司 =28.35 克

喷洒过农药。在 16~19 天之后，药物残留仍然能给他们带来干呕、视力下降、半昏迷等痛苦。这并不是残留时间最长的记录，一个月前喷过农药的果园里也发生过同样的悲剧。还有，使用标准剂量 6 个月后，橘子皮中仍然会发现残留。

田地、果园、葡萄园里喷洒的有机磷农药对工人的健康造成极大威胁，所以一些州设立了实验室，帮助医生们进行诊断和治疗。如果医生们在救助中毒患者的时候不戴橡胶手套，也会面临一定风险。给患者洗衣服的女工也可能因吸收足量的对硫磷而中毒。

马拉硫磷是另一种有机磷脂，差不多与 DDT 一样广为人知。其广泛应用于园林防治、家庭灭害和消灭蚊虫，以及对昆虫铺天盖地的全方位攻击等行动中。例如，佛罗里达州的居民在将近100 万英亩①的土地上喷洒马拉硫磷，以消灭一种地中海果蝇。人们认为它是同类化学品中毒性最小的，而且很多人觉得它没有什么危害，可以放心使用，广告也鼓励这种随意的态度。马拉硫磷的"安全性"依据根本不靠谱，不过这一点是在其投入使用几年后才发现的，很多情况也是如此。马拉硫磷之所以"安全"，是因为哺乳动物的肝脏强大的保护功能，能够消除其危害。解毒是由肝脏中一种酶完成的。但是，如果这种酶遭到破坏，或作用过程受到干扰，接触马拉硫磷的人就不得不吸收全部的毒素了。

不幸的是，经常发生类似的事情。几年前，食品和药物管理局的一个科学小组发现，马拉硫磷和其他有机磷酸酯同时使用会

---

① 1 英亩 = 4046.8564 平方米

产生巨大的毒性，是两种物质毒性相加的 50 倍。换言之，两种物质致死量各取 1%，结合后可以产生致命的毒性。

这一发现促使人们研究其他组合。现在人们知道，很多有机磷酸酯组合是非常危险的，因为混合以后的毒性会增强。一种化合物破坏了另一种化合物解毒的酶之后，混合物的毒性大增。这两种化合物不一定要同时出现。如果一个人这一周喷洒了这种杀虫剂，下周再使用另一种的话，便会有中毒的危险。施用过农药的农产品被人们食用后，也会有危险。普通的一碗沙拉里很可能含有不同有机磷酸酯农药的结合，法定允许的农药残留也可能会发生中毒反应。

虽然我们对各种化学品相互作用的危险不甚了解，但是科学实验室令人担忧的发现却屡见不鲜。其中一项发现认为，使一种有机磷酸酯毒性增强的不一定是杀虫剂。例如，一种增塑剂在增强马拉硫磷毒性方面，可能要优于杀虫剂。这是因为，它能够抑制肝脏中可以"拔掉杀虫剂毒牙"的酶。

那么，人类生产的其他化学品又是怎样的呢？尤其是药物，是什么情况呢？关于这方面的研究才刚刚起步，但是我们已经知道，一些有机磷酸酯，如对硫磷和马拉硫磷，会使一些能引起肌肉松弛的药剂毒性更强，其他几种有机磷酸酯（包括马拉硫磷）会明显延长巴比妥酸盐的休眠作用时间。

在古希腊神话中，女巫美狄亚因自己的丈夫伊阿宋移情别恋而勃然大怒，因此，她送给了伊阿宋的新欢一条施了魔法的长袍。新娘子穿上长袍后随即暴毙。如今，这种间接死亡找到了它的对应物——"内吸杀虫剂"。这些化学药物具有特殊性质，它们可以把植物或动物变成有毒的美狄亚长袍。这样做的目的是杀死前来侵犯的昆虫，尤其是吸食植物汁液和动物血液的昆虫。

内吸杀虫剂的奇异令世界不可思议，超出了格林兄弟的想象，可能接近于查尔斯·亚当斯的漫画世界。在这个世界里，魔幻的森林变成了有毒的树木，昆虫咀嚼树叶或吸食植物汁液后必死无疑。跳蚤因为吸食狗的血液而死，因为狗的血液里有毒；昆虫因为接触植物散发的蒸汽而死亡；蜜蜂会带着有毒的花蜜回巢，因而酿出的蜂蜜含有剧毒。

应用昆虫学领域的人员在自然界获得启示：他们发现在含有硒酸钠的麦田里，小麦对于蚜虫和红蜘蛛的攻击免疫。由此，激发了昆虫学家研发内吸杀虫剂的想法。硒是一种自然生成的元素，只有少量存在于岩石和土壤里，是第一种内吸杀虫剂。所谓内吸杀虫剂就是指渗透进植物或动物体内各个组织并使之毒化的农药。一些氯化烃类化学药剂以及有机磷类化学品具备这种属性，它们都是人工合成的。一些自然生成的物质也具备这种属性。然而，在实际应用中，大部分内吸杀虫剂使用的是有机磷类，因为药物残留相对较轻。

内吸杀虫剂还会以迂回的方式发生作用。通过浸泡或与碳混合的包衣剂，它们的药力会延伸到下一代植物体内，长出的幼苗会毒死蚜虫和其他吮吸类昆虫。类似豌豆、蚕豆、甜菜等蔬菜就是这样进行保护的。带有内吸式包衣剂的棉花籽在加利福尼亚已经种植了一段时间。1959 年，加州圣华金河谷的 25 个农场工人在种植棉花时，突然发病，因为他们触摸过包衣种子的袋子。

在英格兰，有人想知道蜜蜂在经内吸杀虫剂处理过的植物上采蜜会发生什么情况，于是人们在喷洒过八甲磷药物的地区进行了调查。虽然农药是在开花之前喷洒的，但生产的花蜜仍然有毒。果然，不出所料，蜜蜂酿的蜂蜜也被八甲磷污染了。

动物内吸剂主要用来控制牛蛆——牲畜身上的一种有害的寄生虫。为了在动物血液和组织中发挥作用而不产生致命的毒性，必须加倍小心使用。这种平衡极其微妙，而政府机构的兽医们已经发现，反复的小剂量用药会逐渐耗尽动物体内的保护性胆碱酯酶。因此，如果不进行事前警告，极小地过量使用动物内吸杀虫剂也可能导致中毒。

很多有力的证据表明，我们和与我们生活更密切的领域正逐步放开对药物的使用。如今，你可以给你的狗喂一片药，据说，这种药可以使狗的血液有毒，进而消除虱子的困扰。因此，发生在牛群中的危害可能会发生在狗身上。就目前看来，还没有人建议研制人类内吸杀虫药物来对付蚊子。也许，这就是下一步将要发生的……

到目前为止，本章一直在讨论人类跟昆虫做斗争中使用的致命化学物质。那么，我们与野草的战争又是怎样的呢？人们想快速而简便地除掉不需要的植物，催生了一批叫作除莠剂的化学品，或者称作除草剂。关于这些药剂是如何使用以及如何误用的，将在第六章进行讲述。现在我们关心的是，除草剂是否有毒，它的兴起是否加剧了环境污染。

除草剂只对植物有毒，对动物没有危害的传说广为流传，但不幸的是，这种观点是错误的。除草剂中的化学成分，对动植物都会产生影响。它们对生物体的作用大小不一：有的是一般毒药；

有的是新陈代谢的强力刺激物，会使动物体温升高而死亡；有的可以单独起作用，也可以跟其他化学品共同作用，引发恶性肿瘤；有的会导致基因变异，进而破坏遗传物质。所以，除草剂和杀虫剂一样，包含一些非常危险的物质，如果错误地认为它们是"安全的"而滥用，会带来灾难性的后果。

尽管新的化学药物一个劲儿地从实验室里不断冒出，砷化合物还是在杀虫剂和除草剂中广泛使用，它们通常以亚砷酸钠的形式出现。历史上砷化物的使用也不让人放心，用作路旁除草剂时，它们毒死了很多奶牛，还杀死了难以计数的野生动物。

英国大约在1951年开始在马铃薯地里使用含砷农药，因为先前用于烧掉马铃薯的硫酸出现了短缺。英国农业部认为，有必要对进入喷过含砷农药的田地加以警示，但是牲畜看不懂这样的警示（我们必须知道，野生动物和鸟类也看不懂）。关于牲畜因含砷农药中毒的报道不绝于耳。直到一个农夫的妻子因喝了砷污染的水中毒死亡后，英国一些大型化学公司才于1959年停止生产含砷农药，并召回了经销商手中的存货。不久后，英国农业部宣布，由于对人类和牲畜造成严重威胁，决定限制亚砷酸盐的使用。1961年，澳大利亚政府也出台了类似的禁令。然而，美国却没有相同的规定来限制这些毒药的使用。

有的"二硝基"化合物也被用作除草剂。在美国，它们被列入了同类药物中最危险的名单。二硝基酚是一种强力新陈代谢刺激物，因此，人们曾经把它当作减肥药来使用，但是瘦身剂量与中毒或致死剂量差别太小，所以，在停药之前，一些病人死去了，还有很多人的身体遭受了永久性伤害。一种相关的化学物质——

五氯苯酚，有时称作"五氯酚"，既用作除草剂，又用作杀虫剂，常喷洒于铁路沿线和荒地里。五氯酚对很多生物的毒性都很强，从细菌到人类都在它的影响范围之内。跟二硝基一样，它会干扰人体的能量来源，而且通常是致命的，受到影响的生物几乎是耗尽了自己的生命。

最近，加利福尼亚卫生署报告的一起死亡案例证明了它的可怕毒性。一名油罐车司机正在用柴油和五氯苯酚配制棉花脱叶剂。在他从大桶里抽出这种浓缩化学品时，塞子意外地掉进了桶里，他赤手把塞子捞了出来。虽然他立即洗了手，但还是急性中毒，第二天就死了。

诸如亚砷酸钠或苯酚类除草剂造成的后果大都显而易见，而另外一些除草剂的影响却隐伏难觅。例如，现在流行的红莓除草剂——氨基三唑（俗称除草强），被认为毒性相对较轻。但是，从长远看来，它有引发甲状腺恶性肿瘤的可能，对野生动物和人类的影响更大。在各种除草剂中，有一些属于"突变剂"，也就是说能够改变遗传物质——基因。我们会因辐射导致基因变化而深感震惊，那么，对于无处不在的化学农药所造成的同样后果，我们又怎能漠不关心呢？

# 第四章 陆地之水

在所有的自然资源中，水已经变成了最宝贵的资源。地球表面的大部分被海水覆盖着，然而身处海洋包围的我们仍然觉得缺水。这种奇怪的悖论是因为海水中含有大量的海盐，地球上的大部分水源不适合农业、工业或人类使用。因此，地球上大部分人口不是正面临着，就是将要面对严重的水资源短缺。在这个时代，人类已经忘记了自己的先祖，看不到生存的基本需要，水资源以及其他资源已经变成了人类冷漠态度的牺牲品。

我们只能把杀虫剂对水资源的污染作为人类对环境污染的一个部分来理解。水资源污染的来源有很多种：核反应堆、实验室以及医院排放的放射性废弃物；核爆炸的放射性尘埃；城镇家庭垃圾；工厂排出的化学废料，等等。现在，又增添了一种新的沉降物——施用在农田、花园、森林以及原野的化学喷剂。许多化学药剂产生的危害超越了辐射，而且，这些化学药剂本身就存在危险的、不为人知的反应和转化，以及危害效应的叠加。

自从化学家开始研制自然界从未出现的化学物质，水质净化的问题就逐渐复杂起来，用户面临的危险也逐渐增加。如我们所知，合成化学物的大量生产始于 20 世纪 40 年代，如今生产规模声势浩大，每天都会有大量的化学污染物倾入国内的河流。这些化学物与生活垃圾以及其他废弃物混合，进入同一水域后，净化厂平时用的普通方法已经无法检测出它们的行踪。许多化学物非常稳定，普通的处理方法无法使其分解，甚至常常无法识别它们。大量污染物在河流中结合、淤积，以至于卫生工程师也只能绝望地称之为"黏性物质"。麻省理工学院的罗尔夫·伊莱亚森教授在一次国会委员会上表示，预测这些化学物质的合成效应或识别混合而成的有机物是不可能的。伊莱亚森教授说："我们根本不知道它们是什么，以及对人类有什么影响。我们什么都不知道。"

用于控制昆虫、啮齿动物或者杂草的各种化学品正不断地加剧有机污染物的生成。其中，有一些故意用于水体，以消除植物、昆虫幼虫或不想要的鱼类，有的是森林中喷洒过的农药。为了对付一种害虫，他们会在一个州两三百万英亩的森林上喷洒农药，这样的农药会直接汇入溪流，或穿过树冠落在林中的土地上。紧接着，农药会随着渗出的水分一起，开始了前往大海的漫漫旅程。喷洒于农田的用来对付昆虫和啮齿动物的数百万磅农药，会借助雨水离开地面，被冲进河水中，最终奔向大海，最终可能会大量残留于水中。

有确凿的证据表明，在河流甚至自来水中，这些化学物质随处可见。例如，在宾夕法尼亚州的一片果园中取得的饮用水样在鱼身上做实验后发现，所含的杀虫剂足以在 4 个小时内将用于实验的鱼全部杀死。从一片喷洒过农药的棉田流过的河流，经过净化厂处理后，仍可以杀死鱼类。使用过毒杀酚（一种氯化烃）的径流，杀死了亚拉巴马州田纳西河的15条支流中的所有鱼。其中，有两条支流是当地城市的饮用水源。使用杀虫剂一周后，水仍然有毒，因为在河流下游放置了水箱，里面养的金鱼每天都会死亡。

这种污染踪影难觅，不易发现。只有鱼群成百上千地死去的时候，人们才会觉察；但多数情况下，根本检测不出来。检查水质的化学家尚未对这些有机污染物进行定期检查，也不可能清除它们。但是，无论检测结果怎样，杀虫剂依然存在。而且，跟大规模施用于地表的其他物质一样，它们已经进入美国的一些主要河流，甚至全部。

我们的水域几乎全被杀虫剂污染了，持怀疑态度的人应该研究一下美国鱼类和野生动物管理局在1960年发布的一份报告。这个部门进行了一项研究，旨在调查鱼类是否像哺乳动物一样会在体内储存杀虫剂。第一批样品取自西部森林地区，为了控制云杉蚜虫，那里喷洒了大面积的DDT。实验结果显示，全部鱼类体内均含有DDT。当调查人员与距离喷洒农药地区30英里①之外的一条小溪做对比时，才有了真正的重大发现。这条小溪处在取样地区的上游，中间隔着一条很高的瀑布。这里并没有喷洒过农药，然而，这里的鱼还是检测出有DDT。化学物质是通过隐匿的地下河流到达这条小溪的吗？还是通过空气传播，降落在溪水表面？在另一项对比调查中，在一个鱼类产卵区，鱼的体内组织中也发现了DDT。这里的水来自一口深井。这个地方同样没有使用过农药。看来，污染的唯一途径与地下水有关。

———

① 1英里＝1609.344米

在全部水污染问题中，没有什么能比大面积地下水污染的威胁更令人担忧了。无论任何地方，在水中使用杀虫剂必定会污染水质。大自然不会在封闭和相互分离的区间运行，水的循环过程也是如此。雨水落在地面，通过土壤的细孔和岩石的缝隙渗入地下，并不断深入，直至一个所有缝隙都充满水的地方。那里是一个黑暗的地下海洋，起于山下，没于谷底。这种地下水总是在不停地运动着：有时候很慢，一年只移动不到50英尺①；有时候很快，一天之内移动0.1英里。它在看不见的水系里流动，直到在某地以泉水的形式冒出地面，或者被引进一口井里，但大部分会补给到溪流与河水中。除直接进入河流的雨水和地表径流外，所有在地表流动的水都曾是地下水。因此，可以毫不夸张地说，地下水污染就等于全部水污染，这是极其可怕的。

科罗拉多一家工厂排出的有毒化学物质，一定是经过这样黑暗的地下海洋，到达了几英里以外的一片农田，污染了那里的井水，使人类和牲畜得病，并破坏了庄稼。这样离奇的事情有了第一次，相似的事件就会接连发生。简言之，水污染的历史就是这样的。1943年，位于丹佛附近的军用化工集团落基山兵工厂开始生产军需物资。8年后，兵工厂的设备租给了一家私人石油公司生产杀虫剂。然而，在开始生产农药之前，怪事接二连三：几英里之外的农民不断报告牲畜患上了奇怪的疾病，并抱怨大片庄稼遭到严重毁坏；树叶变黄，植物不再生长；很多作物全部死去；人类患病的消息也传出。有人认为这些事与兵工厂有关。

---

① 1英尺 =0.3048 米

　　这些农场的灌溉用水取自很浅的井水。经过检验（1959 年，几个州与联邦的机构参与这项调查），发现井水中含有多种化学残留。落基山兵工厂在生产期间，往水池中排放了多种化学物质，包括氯化物、氯酸盐、磷酸盐、氟化物和砷。很明显，兵工厂与农场之间的水被污染了，从工厂的水池里到最近的农场大约有 3 英里，这些废弃物经过了 7~8 年的时间到达那里。这种渗透还将会继续，而污染的面积不得而知。调查人员没有任何办法来控制污染或阻止它前进。

　　一切已经够糟的了，但最离奇、影响最深远的是，一些井水中和兵工厂的蓄水池中出现了除草剂 2.4-D。当然，它的发现足以解释灌溉用水对庄稼造成的破坏。但奇怪的是，兵工厂从未生产过 2.4-D 除草剂。经过长期细致的研究，工厂的化学家认为，2.4-D 是在露天蓄水池中自发形成的。它是由化工厂排出的其他物质合成的，即并没有化学家的参与，蓄水池在空气、水、阳光的作用下，变成了一个化学实验室，并生成了一种新的化学物质。它可以杀死接触到的任何植物。

　　因此，科罗拉多农场以及被毁庄稼的故事超出了地区的界限，具有了更广泛的意义。其他地方又会怎样呢？不只是科罗拉多，任何受了化学污染的公共水域会是怎样的状况呢？在空气和阳光的催化下，湖泊和溪流中那些贴着"无害"标签的化学物会生成怎样的危险物质呢？

　　的确，水资源化学污染最令人担忧的一面在于，不论在河流、湖泊、水库，还是你餐桌的一杯水中，都会有合成化学物质。负责任的化学家不会在自己的实验室里合成这样的物质。这些自由混合的化学物质之间可能的反应，让美国公共卫生署的官员恐慌不已。他们担心毒性相对较小的物质会大规模地转化为有害物质。化学反应也许会在两种或多种化学物之间发生，也许会在化学物质与放射性废弃物之间产生，而后源源不断地排入河流之中。在游离辐射的作用下，原子很容易重新排列，进而改变其化学性质，引发不可预计和无法控制的后果。

当然，不只地下水受到污染，地表水（溪水、河流、灌溉用水）同样未能幸免。同在加利福尼亚州的图利湖与南克拉玛斯湖国家野生动物保护区，地表水的污染就在逐渐加重，形势令人担忧。包括俄勒冈州边上的北克拉玛斯湖在内，这些保护区是整个保护体系的一部分，也许是上天的安排，它们相互连接，共享同一个水源。广袤的农田就像海洋一样，而这些保护区则是点缀在海洋上的小岛。这是一片已经开拓出来的土地，也有水鸟的天堂——沼泽地及其开阔水域形成的排水系统和河流。

保护区周围的农田依靠北克拉玛斯湖的湖水灌溉。灌溉用水滋润了农田，然后汇合，流入图利湖，再从这里流入南克拉玛斯湖。建立在两大水体基础上的整个保护区的水域，就充当了农业用地的排水系统。将这种情况与最近的发现放在一起研究是至关重要的。

1960年夏天，保护区的工作人员在图利湖和南克拉玛斯湖发现了已死亡或者将要死亡的鸟儿。大部分是食鱼鸟类——苍鹭、鹈鹕、鸥。鸟儿体内发现有农药残留，经检测为毒杀酚、DDD以及DDE。湖中鱼儿和浮游生物体内也发现了杀虫剂。保护区管理员认为，农田使用的大量农药，经灌溉用水回流，致使药物残留在保护区水域不断蓄积。

　　水域污染使得保护区的作用大打折扣，西部猎鸭人和风景爱好者都感到了惋惜："飞鸿带彩映晚霞，婉鸣绕耳满天涯"的天籁美景已经难以寻觅。这些保护区对于西部水鸟至关重要，因为它们位于太平洋候鸟迁徙路径的汇集处，就像漏斗的细颈一样。每到秋天迁徙的季节，从白令海峡到哈德逊湾的鸟巢中飞来野鸭和天鹅，大约占飞往太平洋沿岸水鸟的四分之三。夏天的时候，保护区为水鸟，特别是两种濒危物种——红头鸭和红鸭提供了栖息地。如果保护区的湖泊和池塘受到了严重污染，西部地区的水鸟将遭受无法挽回的伤害。

　　水滋养着一整条生物链（从微如尘埃的浮游生物的绿色细胞，到很小的水虱，再到以浮游生物为食的鱼儿，小鱼又会被其他鱼类或鸟类、貂、浣熊吃掉），生命间的转化无穷无尽，所以必须从这些方面考虑水的问题。我们知道，有用的矿物质也是通过食物链传递的。我们是否可以认为水中的毒药不会进入大自然的循环链条中呢？

　　答案就在加利福尼亚州清湖的惊人历史中揭晓。清湖位于旧金山市以北约90英里的山区，一直是垂钓捕鱼爱好者的必选之地。这里有点儿名不副实，因为黑色的淤泥覆盖了浅底，实际上，湖水极其混浊。这对渔民和旅游者而言不是什么好事，但是它为小小的蚋虫提供了理想的栖息地。虽然与蚊子关系很近，但蚋虫不吸血，可能从小到大都不吃任何东西。然而，作为共享此地的邻居——人类，却不胜其扰，因为它们的数量实在过于庞大。为此，人们采取了各种措施，但效果都不甚理想。直到20世纪40年代，新式武器——氯化烃出现了。DDD 是新一轮攻击的首选，这是一种与 DDT 关系很近的药物，但较为明显的是，它对鱼类的威胁相对较小。

在 1949 年采取的措施经过了周密的计划，没有人认为会有什么危害。人们勘测了湖水，并确定了湖水的体积，杀虫剂的施用剂量是 7 千万分之一。刚开始效果不错，但是到了 1954 年，人们不得不再来一遍，这次的比例是 5 千万分之一。人们认为消灭蚋虫的运动彻底结束了。

随后冬天的几个月内，其他生物受到影响的迹象出现了：湖上的北美䴙䴘开始死亡，很快死亡数量上升到 100 多只。清湖鱼类众多，因此北美䴙䴘在此繁殖、过冬。这种鸟儿外形美丽，习性优雅，在美国西部与加拿大的浅湖上搭建浮巢。当在湖面划过时，它们会压低身体，洁白的脖颈和黑亮的头部高高昂起，几乎不带一丝涟漪，因而被誉为"天鹅䴙䴘"。刚出壳的幼鸟有灰色的软毛，几个小时后，它们就进入水中，骑在父母背上，在父母的廓羽的庇护下前行。

对卷土重来的蚋虫进行第三次打击后，1957 年，更多的䴙䴘死去。与 1954 年的情况一样，死鸟身上没有检测出传染病。但是，经提议对䴙䴘脂肪组织进行分析检测后，才发现了大量的 DDD，浓度约为百万分之 1600。

DDD 投放的最大浓度为百万分之 0.02，怎么会在䴙䴘体内蓄积到如此惊人的浓度呢？这些鸟儿是以鱼类为食的。检测了清湖的鱼儿后，整个画面开始清晰——最小的生物吞食毒素，不断积累，继而传给更大的动物。浮游生物体内检测出百万分之 5 的杀虫剂（大约是水中药物最大浓度的 25 倍）；食藻性鱼类体内的浓度大约是百万分之 40 到百万分之 300；食肉鱼类体内储存了大部分毒素。一种褐色鲶鱼体内的毒素浓度竟然高达百万分之2500。"杰克之屋"的顺序出现了，在这个链条中，大型食肉动物吃掉小型食肉动物，小型食肉动物吞食食草动物，食草动物以浮游生物为食，浮游生物又从水中吸取毒素。

之后，更加离奇的事情又出现了：刚刚使用过杀虫剂的水中没有发现 DDD。但是毒素并没有消失，它只是进入了湖中生物的体内。在停用化学药剂 23 个月后，浮游生物体内仍含有百万分之 5.3 的毒素。在近两年的时间里，潮水般的浮游生物出现又退去，虽然毒素在水中不见踪影，却不知怎地一代代传了下去，而且毒素也会在湖中动物的体内存留下去。停药一年后，鱼、鸟以及青蛙体内仍然检测出了残留，而且检测出的 DDD 含量总是超出起初水中浓度的很多倍。这些有毒的生命包括：上一次使用 9 个月后孵化的鱼苗、鸊鷉以及体内毒素浓度超过百万分之 2000 的加利福尼亚鸥。同时，鸊鷉繁殖群也已经大大缩减——从第一次使用杀虫剂之前的 1000 对降到 1960 年的 30 对。虽然仅剩的 30 对也会筑巢繁育，但都是在白费力气，因为自从上一次使用 DDD 后，湖上再也没有出现过鸊鷉幼鸟。

可见，整个中毒链环始于小小的植物，最初的药物浓缩一定开始于这些植物身上。但是，食物链的另一端——人类，又将面临怎样的状况呢？他们可能不了解事件的经过，并且已经备好渔具，从清湖中钓了几条鱼，最后带着收获回家享受美味了。大剂量 DDD 或者小剂量的累积会对人类造成什么影响呢？

尽管加里福尼亚公共卫生署宣称没有危害，但是1959年该局还是禁止了在湖水中使用DDD。考虑到已经有科学证据证明这种药物具有巨大生物效应，这一行动只能算是最低限度的安全措施了。DDD的生理影响在杀虫剂中可能是独一无二的，因为它可以破坏肾上腺的一部分——分泌荷尔蒙激素的肾上腺皮质外层细胞。早在1948年，人们就发现了这种破坏作用，但是起初人们认为这种危害只限于狗。因为在猴子、老鼠或者兔子身上没有发现问题。然而，DDD在狗身上引起的症状与人类阿狄森患者的病症极为相似。目前，DDD对细胞的破坏力被用于治疗肾上腺部位的一种罕见癌症。

清湖的状况引出了一个公众需要面对的问题：使用对生理过程影响巨大的化学物质来防治昆虫，特别是将化学药剂直接投入水体的防治措施是否明智，又是否必要？杀虫剂在湖泊食物链中爆炸性的进程证明，使用小剂量化学药剂无异于饮鸩止渴。通常，为了解决一个微小的问题，却引发了不易察觉的严重问题，这种情况大量存在，而且不断增加，清湖只是其中一个典型。受蚋虫困扰的人们解决了问题，却给所有从湖里获取食物或饮用水的人们带来一种莫名的，甚至是无法理解的危险。

在水库中故意投放药物已经成为常态，但这的确是一个惊人的事实。其目的通常是娱乐，尽管之后需要花费一笔资金使之恢复其本来用途——饮用。一个地方的渔猎爱好者们希望在水库"发展渔业"，他们会说服政府在水里施用药物，以杀死不想要的鱼类，为他们喜欢的鱼铺设温床。整个过程非常怪异，像爱丽丝梦游仙境一样荒诞。水库的本来功能是供给公众用水，然而居民们可能在对渔猎爱好者的计划并不了解的情况下，不得不饮用有药物残留的水，或支付费用以消除毒素，然而这些东西处理起来并非易事。

　　由于地下水和地表水都已经受到杀虫剂和其他化学品的污染，致癌的有毒物质正进入公共水源，成为我们当前面临的威胁。美国国家癌症研究所的休伯博士警告："在不久的将来，饮用水污染引发癌症的风险将大大增加。"的确，早在20世纪50年代的一项研究也显示，水污染可能致癌。饮用水取自河流的城市，癌症死亡率要高于水源污染较少的城市（例如井水）。自然界中存在的砷，是被确认为最可能致癌的物质，其在因水污染引发大量癌症的历史事件中已经两次出现了。一次，砷来源于矿场的矿渣堆；另一次事件中，砷来自含砷量很高的天然岩石。大量使用含砷杀虫剂，会使上述事件很容易地再次发生。土壤受到了污染，接着雨水会把部分砷冲进河流、水库以及浩瀚的地下海洋。

　　此时，我们又一次得到警示：自然界中没有孤立的事物。为了更加透彻地了解我们世界所遭受的污染，我们必须转向地球的另一种资源——土壤。

# 第五章 土壤王国

覆盖大地的这层薄薄的土壤，如同斑驳的补丁，它的分布决定着我们和陆地上其他动物的生存。没有了土壤，陆地植物就不会生长；没有了植物，动物就无法生存。

如果说我们以农业为基础的生命全仰仗土壤，同样，土壤也依赖于生物。土壤的起源与其特性的保持都与动植物密切相关。因为土壤在某种程度上是生命创造的，它产生于很久以前生物与非生物的相互作用。火山喷出的岩浆带来了原始的材料；河水流过光秃秃的岩石，冲刷着最坚硬的花岗岩；冰霜凿碎了岩石，于是，最原始的母体物质开始形成。接着，生物开始施展自己的魔法，渐渐地，无生命的材料变成了土壤。岩石的第一层衬衣——地衣，利用它分泌的酸性物质促进了岩石的分解，也为其他生命提供了住所。地衣的碎屑、微小昆虫的外壳、海洋动物的残骸形成了原始的土壤。在土壤的缝隙里，苔藓开始驻扎。

原始生命不仅创造了土壤，还孕育了土壤中丰富多样的生物。如果不是这样，土壤将贫瘠而毫无生机。正因为生命的存在与活动，使土壤中种类丰富的生物为地球织了一件绿色的外衣。

　　土壤不断变化，加入了无始无终的无限循环之中。岩石的分解、有机物质的腐烂、氮和其他气体随雨水落下，都会给土壤添加新的物质。与此同时，有的生物暂时性地借走了一些物质。精妙而又重要的化学变化时时刻刻都在进行，把来自空气和水的成分转化成有用的物质。在这些变化中，生物体起着活性剂的作用。

　　研究黑暗的土壤王国中生存的众多生物是件趣事，但也是最为人忽视的。对于土壤中有机物之间的关系，以及它们同土壤与地上世界的联系，我们都了解得太少了。可能土壤中最基本的却是一些最小的生物——看不见的细菌和丝状的真菌。关于它们的数据都是些天文数字。一小勺表层土可能含有数以亿计的细菌。尽管体积微小，但在1英尺厚的1英亩肥沃土壤中的表层土中，细菌的总重量可达1000磅。长长的、丝状的放线菌在数量上虽然不及细菌，但是由于体积更大，等量土壤中所含放线菌的总重量与细菌相差无几。这些菌类，与被称为藻类的绿色细胞一起，组成了土壤中的微植物世界。

　　细菌、真菌以及藻类是腐烂的主要媒介，它们把动植物的残骸还原成矿物成分。如果没有这些微小的植物，各种元素参与的庞大循环系统（例如碳、氮在土壤、空气和生物组织中的运动）就无法进行。譬如，如果没有固氮菌，即使处在含氮丰富的空气的包围中，植物也会因缺氮而死亡。其他生物可以释放二氧化碳，而二氧化碳像碳酸一样起到分解岩石的作用。土壤中的其他微生物也起到氧化和还原的作用，使一些矿物质如铁、锰和硫等变得易于被植物吸收。

　　土壤中还存在着数量巨大的微小螨类，以及叫作弹尾虫的原始无翅昆虫。尽管体型微小，但它们在分解植物残枝，把森林的地面杂物转化为土壤方面发挥着重要作用。这些微小生物的特性让人难以置信。例如，一些螨类只有在云杉掉落的针叶里才能生存。它们隐藏在树叶里，消化掉树叶的内部组织。它们的任务完成后，只剩下一具空壳。在处理大量落叶方面最令人惊奇的要数土壤和林地中的一些小昆虫了。它们会把叶子浸软，然后再消化，从而加快了分解物与地表土的混合。

当然，除这些身体微小、一刻不停的生命外，还有许多大型生物，因为土壤孕育着从细菌到哺乳动物的全部生命：有的永久生活在地下世界；有的冬眠，或者在生命的某一阶段藏于地下；有的则在洞穴与地上世界任意穿梭。总之，这些动物的居住使土壤透气，并促进水在植物生长层的排泄与渗透。

在所有较大的土壤生物中，蚯蚓可能是最重要的一种。大约在75年前，查尔斯·达尔文出版了一部著作——《腐殖土的形成、蚯蚓的作用和习性观察》。在这本书中，他让世人了解到了蚯蚓在运输土壤中扮演的角色。地表的岩石逐渐被蚯蚓从下面搬上来的细土所覆盖，在大多数适宜的地方，1英亩土地上每年都能搬运很多吨。同时，树叶和杂草中含有的大量有机物（6个月的时间内每平方码①约有20磅）被拖入洞穴，混入土中。达尔文的计算表明，通过蚯蚓的辛勤劳作，10年后，土壤的厚度会增加1~1.5英寸②。而且，这绝不是它们的唯一贡献：蚯蚓的洞穴使土

---

① 1平方码=0.8361平方米

② 1英寸=0.0254米

壤保持空气流通和良好的排水性能，并促进植物根系的生长。蚯蚓的存在还可以增强细菌的固氮能力，减少土地退化的可能。有机物经过蚯蚓的消化道时将被分解。这样，蚯蚓的排泄物会使土壤变得更加肥沃。土壤王国是由互相交织的多种生命构成的，每种生物都以某种方式与其他生物相联系——生物依赖土壤，但是也正因为土壤中生物的繁荣昌盛，才使得地球上的土壤变得不可或缺。

可是，与我们息息相关的这个问题一直未受关注：不论是以土壤"杀菌剂"的形式直接灌入，还是雨水穿过树冠、果园以及农田时恰好带来了致命的污染，化学毒药进入土壤后，这些数量庞大而且非常重要的生物会受到什么影响呢？使用广谱杀虫剂对付一种破坏庄稼的昆虫幼虫，而不会杀死对于分解有机物十分必要的"益虫"，这样的假设合理吗？或者，使用一种普通杀虫剂不会杀死促进植物吸收养分的根部真菌吗？

事实很明显，这一至关重要的生态学课题在很大程度上被科学家所忽视，防治人员更是对此不屑一顾。对昆虫的化学防治建立在这样的一种假设之上，即土壤可以承受任何毒素的攻击，不会做出反击。土壤王国的本质被完全忽略了。

根据已有的少量研究，关于杀虫剂对土壤影响的画面正徐徐展开。研究结果并不一致，也不奇怪，因为土壤类型多样，给一种土壤造成破坏，也许对另一种土壤没有任何影响。轻质沙土遭受的破坏比腐殖土更大。化学药物的混合使用要比单独使用危害更明显。尽管结果有所不同，但已经有确凿的证据证明危害的存在了，这足以引起科学家们的忧惧。

在这一条件下，居于生物世界核心的化学转化已经受到影响。将大气中的氮转化成植物需要的形态就是一个例子。除草剂 2.4–D 会使硝化作用暂时中断。最近佛罗里达州的几次实验表明：林丹、七氯以及 BHC（六氯联苯）会在两周后减弱土壤中的硝化作用；使用过农药一年后，BHC 和 DDT 的危害仍然存在。在其他实验中，BHC、艾氏剂、林丹、七氯以及 DDD 都会阻碍固氮菌在豆科植物上形成必要的根瘤。真菌与高等植物之间奇妙而有益的关系遭到了严重破坏。

大自然通过精妙的生态平衡形成了长久的运行机制，令人担忧的是，有时这种平衡机制会受到干扰。一些土壤生物由于杀虫剂的使用而数量减少，而另一些生物的数量会激增，从而破坏捕食关系。这样的变化容易改变土壤的新陈代谢活动，并影响其生产力。这些变化还意味着，之前受到制约的有害生物，会逃脱自然的控制，呈爆发之势。

值得注意的重点是，土壤中的杀虫剂可以在土壤中存储很长时间，不是几个月，而是好几年。艾氏剂使用 4 年后依然存在，一部分为少量残留，更多的已经转化为狄氏剂。使用杀毒酚消除白蚁，10 年后沙质土壤中仍有残留。六氯化合物可以在土壤中至少存留 11 年；七氯或一种毒性更强的化学物至少可以驻留 9 年。氯丹使用 12 年后，影响依然存在，其残留量是施用量的百分之 15。

当初看似适量的杀虫剂，在经过几年的时间后，会在土壤中累积到惊人的浓度。由于氯化烃的持久性，每施用一次，药物都会在前一次基础上增加。如果反复喷洒，"1 英亩地使用 1 磅

DDT 无害"的古老传说就变得毫无意义了。科学家在种植土豆的农田中发现每英亩中的 DDT 高达 15 磅，玉米地更是高达 19 磅。研究发现，一片蔓越橘沼泽地中每英亩含 34.5 磅的 DDT；苹果园中土壤的则达到了峰值，这里 DDT 累积的速度几乎与每年的使用量持平。在一个季节里被喷洒 4 次或更多次的果园中，DDT 的残留会增加到 30～50 磅。经过多年反复喷洒后，果树间土壤中 DDT 的含量每英亩在 26～60 磅的区间内；树下土壤里的含量则高达 113 磅。

土壤永久性污染的一个典型案例就是砷污染。尽管自 20 世纪 40 年代中期以来，施用于烟草植物的有机合成农药取代了含砷喷剂，但是从 1932 年到 1952 年，美国香烟中的砷含量已经增加了百分之 300 以上，之后的调查发现，砷含量居然增加了百分之 600。砷剂毒理学权威亨利·萨特利博士说，虽然有机杀虫剂基本上取代了砷剂，烟草植物仍然会吸收毒素，因为种植园的土壤里残留着高含量、不易溶解的毒素——砷酸铅。这种物质会持续释放可溶性砷。萨特利博士说，烟草种植园的土壤正遭受着"几乎永久性的污染"。地中海东部的国家没有使用含砷杀虫剂，所以那里的烟草中没有发现砷含量的增加。

这样，我们就面临着第二个问题。我们不仅要关心土壤的情况，还要了解植物从受污染的土壤中到底吸收了多少农药。这在很大程度上取决于土壤和作物的类型，以及杀虫剂的特性和浓度。有机物含量高的土壤比其他类型的土壤释放的毒素要少。与其他作物相比，萝卜会吸收更多的毒素。如果使用的农药是林丹的话，萝卜内部的毒素含量会比土壤中的浓度还要高。将来，在种植某种作物之前，我们有必要先分析一下土壤中杀虫剂的含量。否则的话，即使没有喷洒过农药的农作物，也会从土壤中吸收很多杀虫剂，变得不宜出售。

这种污染引发的问题不计其数。至少有一家婴儿食品生产厂家一直不愿使用喷过杀虫剂的水果和蔬菜。给婴儿食品生产厂制造麻烦的化学品是六氯联苯（BHC），它通过植物的根系和块茎吸收，并产生霉味。两年前使用过 BHC 的农田里生产的甘薯因为农药残留而变得不宜食用。有一年，一家公司在南加州签署了一份甘薯供应合同，却发现那里有大面积的土地被污染了，公司只得被迫在市场上购买原料，从而蒙受了巨大的损失。在过去的几年里，很多州种植的各种水果和蔬菜都遭到了丢弃。其中，最令人头疼的是花生问题。在南部的几个州，花生通常与棉花轮种，而种植棉花时会喷洒大量的 BHC。因此，此后种植的花生会吸收大量的杀虫剂。实际上，只需很少的 BHC 就会催生霉臭和怪味。BHC 会渗透到花生内部，而且无法消除。进行处理的话，不仅无法除掉霉味，有时候还会加重这种味道。生产厂家只有一种方法可以消除这种物质的残留——不使用喷过农药的或在受污染土地里生长的农产品。

有时候，危害指向农作物本身，只要土壤中含有杀虫剂，这种危害就会继续存在。一些农药会影响比较敏感的植物，妨碍根系生长或抑制幼苗的发育，如豆子、小麦、大麦或者黑麦。华盛顿州和爱达荷州的啤酒花种植户们就经历了一次难以释怀的事件。1955 年春天，大面积的啤酒花根部长满了象鼻幼虫，这里的人们开展了声势浩大的治理运动。人们在农业专家和杀虫剂厂家的建议下，选择了七氯作为防治武器。使用七氯不到一年，喷过药的院子里的藤蔓枯萎并死去了。而没有喷过农药的地方却并没有发生任何问题。使用过农药的和未喷洒农药的地方泾渭分明。这样，人们不得不花费巨资使秃山再次披上绿装。但是到了第二年，新长出的幼芽又死掉了。4年后，这片土地上仍有七氯残留，而科学家也无法预测毒素还会存留多久，也没有任何好的建议来改善状况。直到1959年3月，联邦农业部门才发现七氯并不适合用于啤酒花，撤销了这份姗姗来迟的建议。而啤酒花的种植者只能通过法院获得一些赔偿。

杀虫剂仍在使用，农药残留坚不可摧，继续在土壤中蓄积。毫无疑问，我们正在自寻烦恼。1960年，一群专家在思尔卡思大学讨论土壤生态时，达成了共识。他们总结了使用化学品和辐射这两种"威力强大而又充满神秘色彩的工具"所带来的危害：人类的几步错误就可能导致土地生产力的毁灭，最终昆虫会接管整个地球。

# 第六章　地球的绿色斗篷

水、土壤和地球的绿色斗篷——植物，共同组成的世界滋养着地球上的动物。现代人很少能够意识到，如果不是植物利用太阳能制造了人类赖以生存的基本食物，我们将无法生存。实际上，我们对植物的态度非常狭隘。一旦知道某种植物的一种用途，我们马上就会去种植。如果我们觉得某种植物可有可无或者我们不感兴趣，它们可能马上会面临灭顶之灾。除了对人或者牲畜有害的植物和阻碍庄稼生长的植物之外，还有很多其他植物会遭殃，仅仅因为我们狭隘地认为，它们在错误的时间出现在了错误的地方。许多植物遭到毁灭，只是因为碰巧它们不是人类所需的物种。

地球上的植物是生命之网的组成部分之一，其中植物与地球、植物与植物，以及植物与动物之间都存在着密切而又重要的关系。有时候，我们别无选择，只得破坏这些关系，但是我们应该谨慎一些，要充分考虑到这样做，在遥远的未来和未知的地方将会产生不良的后果。然而，今天繁荣的除草剂行业却不见一丝收敛的迹象，人们能见到的只有除草农药飙升的销量和日益广泛的使用。

我们的盲目破坏已经对环境造成了很大影响，西部地区的山艾就是其中的一个例子。那里的人们正在举行一场声势浩大的战役来消灭山艾从而培育草场。如果在采取一项行动前要有一些历史感和自然知识的话，那么消灭山艾就是最好的例子。这片地貌是各种力量相互作用的生动体现，它就像在我们面前打开的一本书，我们可以了解到它形成的原因，以及为什么要保持它的完整性。但是很可惜，没人去读这本书。

山艾地带是由西部高原和山脉的低矮斜坡构成的，几百万年前落基山隆起的山脉形成了这片土地。这里气候极端异常：冬季漫长、暴风雪倾泻如注，地上积雪深厚；夏天雨量稀少、赫赫炎炎，土地皲裂，干燥的风吸干了树叶，蒸瘪了树干。在自然演化的过程中，植物一定是经历了长期的反复试验和挣扎，才最终占据了这片疾风尽吹的高原地带。经过一次又一次的失败，终于有一种植物进化出了生存所需的全部特性。低矮的灌木山艾能在这个山坡和高原上站稳脚跟，它灰色的小叶子能够锁住水分，防止被干燥的烈风偷走。这绝不是偶然，而是大自然的长期选择，才使得辽阔的西部平原成了山艾的天下。

与植物一样，动物们也随着这片土地苛刻的要求进化着。有两种动物像山艾一样完美、及时地适应了这片栖息之地。其中，一种是哺乳动物——敏捷优雅的叉角羚，另一种是鸟类——艾草松鸡——路易斯和克拉克"平原之鸡"。

山艾与松鸡好像是天作之合。松鸡的活动范围与山艾的生长空间正好重合，随着山艾生长面积的缩小，松鸡的数量也在减少。对于这片平原上的松鸡来说，山艾就意味着一切。山麓地带的低矮山艾为松鸡的巢和幼鸟提供了荫蔽，更茂密的地方是它们嬉戏和栖息的场所。山艾也是松鸡的主食。然而，这也是一种双向的关系。松鸡特别的求偶方式松动了艾草下面和周围的土壤，这样，促进了艾草下面杂草的生长。

同样，叉角羚也适应了山艾。它们是山上的主要居民，冬天初雪降临的时候，之前在山上度夏的叉角羚向低处迁徙，那里的山艾是它们过冬的食物。当其他植物的叶子都已经凋零的时候，山艾依然常青，灰绿色的叶子有点儿苦，又有淡淡的草香，富含蛋白质、脂肪以及其他必需矿物质，叶子生长在浓密的枝头上，紧紧地团簇在一起。尽管积雪已经很厚，山艾的顶部仍然露在外面，或者羚羊用它锋利的蹄子刨两下就能找到。松鸡同样也靠山艾过冬，它们会在裸露的、风扫过的岩架上寻找艾草，或者它们跟在羚羊后面，在羚羊刨开积雪的地方觅食。

其他动物也指望着山艾，如长耳鹿就经常以山艾为食。可以说，山艾对于食草牲畜过冬就意味着生存。山艾几乎是这里的牧场羊群的唯一食物来源。在整整半年的时间里，山艾就是它们的主要草料，它们含有的能量甚至比干苜蓿都要高。

这样，在高寒地区，山艾的紫色枝条、矫健的野生羚羊以及松鸡构成了一个完美的自然平衡。是这样吗？看来情况并非如此，至少在人类试图改进自然规律的广阔山区不是这样的。土地管理者打着进步的旗号，要满足牧场主们贪得无厌的草场诉求。这里的草场是指没有山艾的草场。小草与山艾混合生长或者在山艾的荫蔽之下成长，是自然选择的结果，如今，人们却要清除山艾，以创造一望无际的纯草牧场。没人问过，在这里草场是否稳定且合乎需求。很明显，大自然的回答是否定的。在这片雨水稀少的地方，每年的降水量不足以供养优质草皮，而更适合山艾荫蔽之下的常年丛生的禾草。

但是，清除山艾的计划已经执行了很多年。一些政府机构表现得非常积极；工业部门也满怀热情地加入进来，以增加草种销量，扩大各种耕种和收割机械的市场。人们又增添了一件新的武器——化学喷剂。如今，每年有数百万英亩的山艾被喷上了药剂。结果如何呢？清除山艾、种植牧草的结果基本上可以推测出来。对于深知这片土地习性的人们来说，单独种植牧草的话，其生长情况不如与艾草混生的好，因为艾草能够保持水分。

很明显，即便这项计划取得了暂时的成功，紧密交织在一起的生命之网已经被撕裂开来了。羚羊和松鸡会随着山艾一起消失。鹿群也会一起遭罪，野生动植物的毁灭会使得这片土地变得更加贫瘠。即使计划中受益的动物也会受难，因为没有了山艾、灌木以及高原上的其他植物，夏季茂密的绿草很难支撑羊群度过冬天的风暴。

这些只是首要的、明显的效应。其次就是与"突击销售法"相关的结果：喷洒农药也会毁灭很多非预定目标植物。法官威廉·道格拉斯在他的最新著作《我的荒野：东至卡塔丁》描述了美国林业局在怀俄明州布里杰国家森林中造成生态破坏的惊人案例。由于牧民们要求更多的牧场，林业局在大约 10000 英亩的山艾地带上喷洒了药物。果然不出所料，山艾被消灭了。但是，沿着曲折小溪生长的柳树——这条绿色的生命之带也遭到了灭顶之灾。麋鹿生活在柳树林中，柳树对于麋鹿就像艾草对于羚羊一样重要。海狸以前也生活在这里，它们以柳树为食，并折断树枝在小溪上建筑牢固的堤坝。经过海狸的一番努力，一个湖泊形成了。生长在山涧里的鳟鱼很少能够长到 6 英寸长，而在这片湖水中，它们竟然能长到 5 磅重。水鸟也被吸引到湖边。仅仅是因为柳树和依靠它们生存的海狸，这里变成了一个捕鱼打猎的休闲胜地。

　　然而，拜林业局的"改进"所赐，柳树步了山艾的后尘——被正义的喷剂杀死。1959 年，也就是喷洒农药的那一年，道格拉斯法官被眼前枯萎的、垂死的柳树震惊了，这简直是"巨大的、难以置信的破坏"。麋鹿身上会发生什么？海狸和它们创造的小小世界又会怎样？一年之后，他又来到这里，在破败的景象中寻求答案。麋鹿消失了，海狸也不见了踪影。大部分大坝由于失去了技术高超的建筑师的打理而消失了，湖泊的水也流走了。大个儿的鳟鱼一条也不剩。因为贫瘠燥热的土地上没有一丝阴凉，像细线一样的溪流不适合大鳟鱼存活。整个生命世界已经遭到了破坏。

　　除了每年有超过 400 万英亩的牧场被喷洒农药外，为了控制杂草，其他类型的土地可能或者已经遭受了化学药剂的处理。例如，有一片比新英格兰地区还要大的土地（约 5000 万英亩）正处在公共事业公司的管理之下，这里每年都会进行"灌丛防治"。在西南地区，大约有 7500 万英亩的牧豆树需要治理，而化学喷剂通常是最受推崇的方法。为了给抗药性更强的松柏腾出空间，人们在一片很大的木材产区喷洒了药剂，目的是清除阔叶硬木。自 1949 年以来的十年间，施用除草剂的农田面积增加了一倍，到了 1959 年已经达到了 5300 万英亩。而个人草坪、公园和高尔夫球场加起来的数目肯定是天文数字。

化学除草剂是一种新型工具。它们效用惊人、令人目眩，赋予了人类一种超越自然的力量，至于那些长期但不明显的影响，很容易被当成悲观主义者的臆想而遭到忽视。"农业工程师们"热情洋溢地鼓吹"化学耕种"，称喷雾枪将取代犁头。成百上千个社区的市政领导对化学农药的销售人员和热情的承包商洗耳恭听，而承包商则宣称可以收取一定的费用铲除路边的灌木。他们声称这种方法比割草更便宜。也许在官方账本里整洁漂亮的数据会是这样的。然而，真正的成本不仅仅是以美元计算的，还包括其他种种弊端，例如，大规模的化学品广告会产生更多的巨额费用，还要包括对环境以及各种生物造成的长期而深远的破坏。

例如，我们拿受到商家重视的游客评价来打个比方。如今，曾经美丽的路边风景受到了严重的损毁，蕨类植物、野花和浆果点缀的灌木丛不见了，取而代之的是一片枯萎、焦黄的植被，所以越来越多的人齐声反对化学除草剂的使用。新英格兰地区的一位妇女气愤地向报纸投稿说："我们正在把路边风景糟蹋成一个肮脏的、焦黄的、死气沉沉的地方，我们花费了那么多钱宣传这里的美景，这可不是游客想要看到的。"

1960 年夏天，来自各州的环保人士齐聚缅因州一个静谧的岛屿上，共同见证国家奥特朋协会主席米利森特·宾汉的演讲。其主题是保护自然景观以及由各种生物包括从细菌到人类交织而成的生命之网。但是，所有来到岛上的人们谈论的话题都是对路边风景遭到破坏的愤怒。从前，穿过常青树林散步是一种心情愉悦的享受，两旁是杨梅、香蕨木、赤杨和越橘，如今，却变成了一片灰色，成为了不毛之地。一位环保人士写下了 8 月份游览缅因岛的情景："回来后，我为缅因州道路两旁的破败景象感到愤怒。前些年，高速公路两旁布满了野花和漂亮的灌木，现在只剩下一片又一片的残枝败叶……从经济角度看，缅因州能够承受失去游客的损失吗？"在全国范围内，以路旁灌丛防治为名义的无意识破坏活动正如火如荼地进行。缅因州仅仅是其中一个例子而已，不过对于我们这些喜爱缅因州风景的人而言，这是一个尤为痛苦的事情。

康涅狄格州植物园的植物学家宣布，对美丽的灌丛和野花的毁灭已经达到了"危机边缘"。杜鹃、月桂、蓝莓、越橘、荚蒾、山茱萸、杨梅、香蕨、低糖棣、冬青树、野樱、野李子都在化学药剂的攻击下快要死去了，雏菊、黑眼苏珊花、安妮女王花、秋麒麟草以及秋紫菀也已经枯萎了。这些植物曾经给这儿的风景增添了优雅的气质和迷人的魅力。

喷洒农药的计划不仅不周全，而且存在滥用的情况。在新英格兰南部的一个小镇，一个承包商完成了工作后，把桶里剩下的农药一股脑儿地洒在道路两旁，但是这里并没有授权可以使用农药。路旁原本生长着美丽的紫菀和秋麒麟草，吸引人们不远长途前来观赏，然而，洒药之后，这个社区再也见不到花草相映、蓝金交织的美丽景色了。在新英格兰的另一个社区，另外一个承包商在公路局毫不知情的情况下，私自改变了喷洒标准，把农药从规定的最高4英尺的喷洒高度提高到8英尺，结果留下了一大片灰白的痕迹。在马萨诸塞州的一个社区，城镇官员从一个热情的化学品销售人员手中买了一种除草剂，却不知道这是一种含砷的药剂。在道路两旁喷洒农药的结果之一就是十几头奶牛中毒而死。

1957 年，沃特福德镇在道路两旁施用了除草剂后，康涅狄格植物园中的树木遭到了严重的毁坏。即使没有直接喷洒到的大树也受到了影响。虽然正值春天生长的季节，橡树的叶子却开始卷曲并枯萎了。紧接着新枝开始疯长，由于速度过快，全都耷拉着，树林呈现出一片凄凉的景象。两个季节之后，大的树枝已经死去，其他树枝的叶子早已掉光，整片树林扭曲、衰败的景象一直持续下去。

我知道有一段路，在那里，大自然孕育了更多的赤杨、荚蒾、香蕨和刺柏，还有鲜艳的花朵随着季节的变化散发出不同的香气；秋天一到，成串的果实如宝石般挂在树上。这条路没有多大的交通压力，急转弯和交叉口很少有阻碍司机视线的灌木丛。然而，喷药人员接管这条路后，人们再也不留恋这几英里的风景了。他们匆匆而过，虽然无法忍受这样的事实，却不去想正是我们让技术人员造成了这样贫瘠而丑陋的景象。很多地方政府疏于监管，在严密的系统防治下还遗留片片绿荫。正是与它们的对比，道路两旁的荒凉场景显得更加惨不忍睹。

在这里，看到随风飘动的白色三叶草，或者成片的紫色野豌豆花，如火焰般盛开的百合花，都会让我心情振奋。而对于销售和施用化学除草剂的人而言，这些植物都是"杂草"。在杂草防治会议（如今已成为常规机制）的某一期记录里，我看到了一篇关于除草哲学的奇谈怪论。文章的作者说杀死有益的植物是正确的，并为此辩护，称只要这些植物长在一起就有危害。他说，那些反对消灭路边野花的人让他想起了反对活体解剖的人，"按照他们的做法来看，一只流浪狗比孩子们的生命更神圣"。

毫无疑问，这篇文章的作者一定觉得我们的性格是扭曲的。因为我们更偏爱野豌豆、三叶草和百合花的那种转瞬即逝的美丽，却不喜欢那些路边的灌丛和蕨木，因为那些灌丛就像被大火烧过一样的，焦黄而又极其脆弱。曾经的蕨类气宇轩昂、生机盎然，如今却变得垂头丧气、毫无生机。面对这些"杂草"，我们一再忍让，丝毫不为清除它们而感到高兴，也没有因为人类再一次战胜了邪恶的自然而狂喜，真是不可思议。

法官道格拉斯提到他曾参加过的一个联邦专家会议，他们在会上讨论了本章提到的居民抗议对山艾喷洒农药。这些专家认为，一位老太太反对消灭野花的行为是极其可笑的。"难道她寻找一株萼草或者虎百合不正像牧场工人寻找牧草、伐木工寻找树木一样，是一种不可剥夺的权利吗？原野给予我们的美学价值与山脉中的铜矿和金矿以及山上的林木一样珍贵。"这位仁慈而有洞察力的法官说道。

当然，除了审美方面的原因，保护路边植被还有更多的意义。因为在自然界中，自然植被居于十分重要的地位。乡村公路和绿化带旁的树篱为众多的鸟类提供了食物、荫蔽和筑巢的地方，它们还是很多小动物的家园。单就美国东部地区的约 70 种典型的路边灌木和藤蔓植物而言，就有 65 种是野生动物的主要食源。

这些植被还是很多野蜂和其他传粉昆虫的栖息之地。但是，人类却往往意识不到这些野生传粉动物的重要性。甚至很多农夫很少了解野蜂的价值，因而常常加入消灭它们的队伍。一些农作物和许多野生植物部分或者完全地依赖当地昆虫来传播花粉。为农作物传粉的野蜂多达几百种，单就苜蓿而言，就有100多种野蜂为它们传粉。如果没有这些昆虫，在旷野里生长的植物就会死掉，土壤就无法保持，因而会变得贫瘠，进而对整个地区的生态产生深远影响。森林和牧场中的许多野草、灌丛和树木都要依靠当地的昆虫传粉才能繁殖。如果没有了这些植物，许多野生动物和牧场牲畜将没有食物可吃。如今，精耕法和化学品正在毁灭树篱和野草，使得传粉昆虫没有了避难之所，进而割断了生命的链条。

如人们所知，这些昆虫对我们的农业和风景是非常必要的，需要我们加以保护，而不是毫无顾忌地捣毁它们的栖息地。蜜蜂和野蜂对一些"野草"有很强的依赖性，因为花粉可以为幼虫提供食物，例如秋麒麟草、芥菜和蒲公英等。在苜蓿开花之前，野豌豆花是蜜蜂必要的食物来源，帮助它度过春荒季节。到了秋天，百花凋零，没有了其他食物来源，它们就会依靠秋麒麟草为冬天积蓄能量。在大自然的精心安排下，柳树开花的时候，每一天都会有一种野蜂出现。明白这些道理的人并不少，可惜的是，这些人中并不包括那些对整个地区铺天盖地喷洒除草剂的人。

那么，那些本应该懂得保护野生动物栖息地价值的人们又去哪里了呢？他们中间很多人在替除草剂作"无害"辩护，因为他们认为除草剂对野生动物的毒性要比杀虫剂小得多，所以才得出了除草剂无害的结论。但是，除草剂随着雨水进入森林、田地、沼泽和牧场后，会产生巨大的影响，甚至对野生动物的栖息地造成永久性破坏。从长远角度看，毁灭野生动物的家园和食物带来的后果恐怕比直接杀死它们更为糟糕。

对路旁和公用地进行全面的化学攻击，对我们而言具有了双重讽刺意味。这种措施会适得其反：已有经验表明，地毯式地使用除草剂并没有永久控制路边的灌丛，因为需要年复一年地喷洒农药。更为讽刺的是，尽管我们知道有更加妥善的方法即采用选择性喷药的方法，就可以完全实现对植被的长期控制，而不需要对大部分植物反复喷洒，但是我们执迷不悟。

在路边进行灌丛防治的目的不是清理除草之外的所有植物，而是清除那些阻碍驾驶员视线或妨碍了公路线缆的高大植物。通常情况下，高大的植物就是树。大部分低矮的灌木植物构不成阻碍视线的威胁，蕨类植物和野花更是如此。

选择性喷药是弗兰克·艾戈勒任职于美国自然历史博物馆期间，并兼任公路灌丛防治建议委员会主任时提出的。这种方法利用了自然界的内在稳定性，因为大部分灌木植物可以抵抗树木的入侵。比较而言，草地更容易受到树木幼苗的侵袭。选择性喷药不是在路边培植草地，而是直接处理高大植物，进而保护其他植物。一次处理基本上足够了，如果遇到比较顽固的植物，再追加处理。这样的话，既实现了灌丛的防治，高大植物也不会卷土重来。所以，最高效、最低廉的植被防治不是通过化学药品，而是通过其他植物来实现的。

这种方法已经在美国东部很多地区进行过试验了。结果显示，只要处理得当，一个地区的植被就会保持稳定，之后的20年内无须再次喷药。通常，喷药人员可以背着喷雾器步行完成喷洒作业，这样可以实现对喷嘴的完全控制。有时候，也可以在卡车的底盘上放置压缩泵和喷嘴，但是绝不能进行地毯式的喷洒。而且处理的目标仅仅是树木和那些过高的、必须清除的灌木。这样就保护了整个环境的完整性，野生动物的栖息地也不会受到破坏，灌丛、蕨类和野花构成的美景也得以保存。

选择性喷药的方法已经在很多地方得到推广。一般说来，根深蒂固的习惯总是难以改变，地毯式的喷洒仍在持续，每年都会浪费纳税人的大量金钱，并对生态系统造成破坏。陈旧的方法得以继续是因为真相没有大白于天下。如果纳税人知道在道路旁边喷洒药剂一代人只需一次，而不是一年一次的话，他们肯定会起来抗议，要求改变这种方法。

选择性喷药的众多优点之一就是，它可以将某一地区的用药量降到最低，无须遮天蔽日地喷洒，而是在需要清除树木的地方进行有针对性的处理。这样对野生动物的潜在危害也降到了最低。

使用最为广泛的除草剂是 2.4-D、2.4.5-T 以及相关的化合物。这些化学品是否有毒还存在争议。在自己草坪上使用 2.4-D 的人，在接触到药剂后，有时会患上急性神经炎，甚至是麻痹。尽管这种案例并不常见，医学权威还是建议谨慎使用这类化学药剂。2.4-D 还可能引发其他一些潜藏的危害。实验显示，它会扰乱细胞呼吸的基本生理过程，并会像 X 射线一样破坏染色体。近来一些研究显示，即使远低于致死的剂量，2.4-D 以及另外一些除草剂也会对鸟类的繁殖产生不利影响。

除了直接的毒副作用外，一些除草剂还会产生奇怪的间接影响。人们发现一些动物，既包括野生食草动物，又包括牲畜，有时候会被喷洒过药剂的植物所吸引，尽管这种植物不是它们天然的食物。如果使用了像含砷除草剂这样毒性较强的药剂，动物对枯萎植物的强烈食欲会导致灾难性的后果。如果碰巧植物本身有毒，或者长有荆棘和芒刺的话，一些毒性较轻的除草剂也可能让动物致死。比如，牧场上的毒草在喷洒过药剂之后突然变得对牲畜具有了强大的吸引力，牲畜会因沉溺于这种异常的口味而死亡。兽医药物文献中有很多类似的例子：猪吃了喷洒过药剂的苍耳后会患上严重的疾病；羔羊会吃喷过药的蓟草；荠菜开花后喷药会使蜜蜂中毒。野生樱桃本身的叶子就有很强的毒性，一旦喷洒过2.4-D之后，会对牛产生致命的诱惑。很明显，喷药后（或割下来后）的枯萎植物更具吸引力。狗舌草是个不寻常的例子。除非在深冬和早春没有其他食料而迫不得已的时候，牲畜是不会吃这种草的。然而，在喷洒过2.4-D之后，牲畜就很难抵抗这种草的诱惑了。这种奇怪行为的诱因可能是因为化学品改变了植物体内的新陈代谢。喷过农药之后，植物体内的糖分会显著增加，使得这种植物对动物更具吸引力。

　　2.4-D的另一个奇怪的作用就是对牲畜、野生动物和人类都有巨大的影响。10年前的实验证明，经过这种化学品处理之后，玉米和甜菜的硝酸盐成分会急剧增加，高粱、向日葵、紫露草、羊腿草、藜、荨麻等都有类似的反应。牲畜毫不在意植物上喷过2.4-D，会吃得津津有味。据一些农业专家讲，很多家畜的死亡可以追溯到喷过药的野草。对于反刍动物奇特的生理机能而言，硝酸盐成分的增加是一个很大的威胁。这种动物具有极其复杂的消化系统，它们的胃分为四个腔室。纤维素的消化是通过其中一个腔室的微生物（瘤胃细菌）的活动完成的。如果动物吃了硝酸盐含量异常高的植物，瘤胃内的微生物会把硝酸盐转化为毒性很强的亚硝酸盐，因此，就会发生一连串的动物死亡事件。亚硝酸盐作用于血液色素，产生一种巧克力色的物质，氧气被这种物质禁锢而无法参与呼吸过程，因此氧气无法通过肺部传送到各个组织。因为缺氧，几个小时内动物就会死亡。这样，牲畜吃过经 2.4-D 处理的野草而死亡的报告就有了合乎逻辑的解释。反刍类野生动物也面临同样的危险，如鹿、羚羊、绵羊和山羊等。

尽管有多种原因能够造成硝酸盐含量的上升，例如干燥的气候，但是 2.4-D 的广泛应用不容忽视。这种状况已经引起了威斯康星大学农业实验室的重视，工作人员在 1957 年曾发布警告："被 2.4-D 杀死的植物可能含有大量的硝酸盐。"人类和动物面临同样的危险，这有助于解释近来不断发生的神秘"粮仓死亡"事件。含有大量硝酸盐的玉米、燕麦或高粱在储藏期间会释放出有毒的氧化氮气体，任何人进入粮仓都会受到致命的威胁：呼吸几口氧化氮就会引发化学性肺炎。在明尼苏达大学医学院研究的一系列类似案例中，除了一人外，其余全部死亡。

"我们在大自然中行走就像在摆满瓷器房间乱闯的一只大象一样"，对于杀虫剂的使用，荷兰一位科学家高瞻远瞩地说，"我认为有很多事，我们都是抱着想当然的态度。我们并不知道田地里所有的野草是否都有害，甚至不知道其中一些是有益的植物。"很少有人注意到了这个问题，那就是野草和土壤的关系。即使从人类自身的直接利益考虑，它们的关系也是有价值的。正如我们所知，土壤与地下和地上的生物之间存在一种彼此依赖、互惠互利的关系。野草从土壤中汲取一些东西，也会给予土壤一些东西。最近，荷兰的一座城市的花园就很好地证明了这种关系。那里的玫瑰生长状况不是很好，土壤取样检测表明有严重的线虫感染。荷兰植物保护局的科学家们并没有建议使用化学喷剂或进行土壤处理，而是建议间种上一些金盏花。毫无疑问，纯化论者一定会把这种植物当作玫瑰花坛中的杂草。实际上，金盏花的根部会分泌一种可以杀死线虫的物质。于是，人们在一些花坛中栽种了金盏花，而另外一些花坛中则没有种。结果令人称奇，在金盏花的帮助下，玫瑰生长得十分旺盛；而没有栽种金盏花的玫瑰都病快快、无精打采地耷拉着。如今，很多地方都开始使用金盏花来对付线虫。被我们无情地铲除的其他植物，可能会以一种不为人知的类似方式，对土壤的健康发挥着必要的作用。自然植物群落（被污蔑为"杂草"）的一个重要作用就是指示土壤状况。在使用化学除草剂的地方，它们的这种功能肯定已经丧失了。

　　那些用药物解决一切问题的人们忽略了一件具有科学意义的事情——保护自然植物群落。我们需要这些植物作为人类活动所引起变化的参照物。它们还能为各种昆虫和其他生物的原始群体提供栖息地，因为抗药性的不断发展正在改变昆虫和其他生物的遗传物质（将在第十六章详细解释）。一位科学家甚至建议，在昆虫的基因进一步改变之前，我们应该建立一种保护昆虫、螨类以及类似种群的"动物园"。

　　一些专家就除草剂日益广泛的使用而对植被产生的细微却影响深远的变化提出了警告。化学药剂2.4-D可以杀死阔叶植物，使草类失去竞争而疯长。如今，一些草本身又变成了"杂草"，成了新的防治目标，整个循环又重新开始。这个奇怪的问题已经在最近一期的农业杂志上得到了证实，"2.4-D的广泛使用限制了阔叶植物，使得草类生长迅猛，进而成为玉米和大豆新的威胁"。

花粉病患者的病原——豚草就是一个人类企图控制自然却作茧自缚的例子。多达几千几万加仑①的化学除草剂以防治豚草的名义喷洒到了路边。然而，不幸的是，豚草不但没有减少，反而更多。豚草是一年生植物，幼苗在开阔的土地上才能生长。所以，治理这种植物的最佳办法就是保持茂密的灌丛、蕨类植物以及其他多年生植物。喷洒的药剂通常会破坏这些保护性植被，因而开辟了广阔的空间，豚草就会见缝插针地疯狂占领这些地方。另外，空气中的花粉含量可能与路边的豚草并无关系，而是与城市地块上和休耕地上的豚草密切相关。

舍本逐末的做法曾盛极一时，马唐草专用除草剂的销量的猛增是其中另一个例子。与年复一年地使用化学品相比，还有一种更廉价、更有效的方法清除这种草。那就是让它与其他草类竞争，因为它在竞争中不占任何优势。马唐草只能在长势不好的草坪上生长，这是一种症状，而不是一种疾病。提供肥沃的土壤，使我们需要的草类健康成长，就可能创造一个不适合马唐草生长的环境，因为只有在开阔的空间它才能年复一年地生长。

化学品生产商把信息传递给花场工人，郊区的农民又从花场工人那里得到建议，所以他们不会去改善土壤状况，而是继续在自家的草坪上喷洒大量除草剂。从各种销售品名上根本看不出它们的特性，很多化学药剂中却含有多种毒素，如汞、砷、氯丹等。

---

① 1加仑 =3.7854升（美制）

根据建议的施用剂量，大量毒素残留在草坪里。例如，一种产品的用户如果按照产品指南，就会在一英亩的土地上使用60磅氯丹。如果使用的是另一种产品，他就会在一英亩土地上喷洒175磅砷。我们在第八章会谈到，除草剂的使用使鸟类大量死亡，令人心痛。但是，这些被喷过药的草坪对人类的危害尚不得而知。

通过实验我们发现，在路边选择性喷药的成功为健康的生态防治提供了希望，因为它可以应用于其他防治计划，如农场、森林和牧场等。这种方法不是以毁灭某一种植物为目的，而是将整个植被当作一个有机整体来管理。其他一些实实在在的成就也说明了我们可以做到的事情。在防控多余植物方面，生物控制已经取得了显著的成绩。大自然也曾遇到过困扰我们的问题，通常它用自己的方式成功地解决了。如果聪明的人类懂得观察和模仿自然的话，通常也会取得成功。

对加利福尼亚州克拉马斯杂草的处理就是一个控制多余植物的出色案例。克拉马斯草，或称山羊草，它的故乡在欧洲（在那里被称作圣约翰沃特草），随着移民一路向西，它于1793年首先出现在美国宾夕法尼亚州兰开斯特市附近。到了1900年，这种草蔓延至加州克拉马斯河附近，并因此得名。到了1929年，这种草已经占据了10万英亩的牧场。到了1952年，已经有250万英亩土地遭到克拉马斯草的侵袭。

不同于山艾这样的本土植物，克拉玛斯草在当地生态系统中没有自己的位置，其他生物也不需要它。在它出现的地方，牲畜如果吃了它就会"满身疥疮、口腔溃疡，变得毫无生气"，土地的价值也会随之降低，因而克拉玛斯草被认为是罪魁祸首。

在欧洲，克拉玛斯草或者圣约翰沃特草，从来都不是问题，因为与之相适应，有很多昆虫不断进化，它们以克拉玛斯草为食，从而很好地控制了克拉玛斯草的规模。尤其是法国南部两种豌豆大小的甲壳虫有着金属般颜色的外壳，完全适应了克拉玛斯草，而且只以此为食来繁衍生息。1944 年首批引进这两种甲壳虫可以算得上一次具有历史意义的事件，因为这是北美地区首次使用食草昆虫来控制某种植物。到了1948 年，两种甲壳虫繁殖良好，无须进一步引进了。甲壳虫的扩散是这样完成的：首先从原有地区收集甲壳虫，然后以每年数百万的数量投放出去。在一些较小的区域，甲壳虫会自行扩散，一旦克拉玛斯草消失后，它们就开始转移，然后在另一个地方精准地安营扎寨。随着克拉马斯草的消退，人们需要的牧草又渐渐繁茂起来。

1959 年完成的一项 10 年调查显示，克拉玛斯草的防治取得了"比那些热心肠的预期更好的效果"，这种草的数量已经减少到了原来的百分之一。剩余的草已经构不成危害了，而且实际上是必需的，因为要保持一定数量的甲壳虫，以防止克拉玛斯草东山再起。

杂草防治的另一个经济高效的例子发生在澳大利亚。当年，殖民者经常会带一些植物或动物来到新的国家。大约在 1787 年，一位名叫亚瑟·飞利浦的船长带了各种仙人掌来到澳大利亚，用来培育制作染料的胭脂虫。其中一些仙人掌逃出了他的花园，到了 1925 年，大约出现了 20 种野生仙人掌。在新的地方，失去了天然的控制，仙人掌得以迅速蔓延，最终占据了约 6000 万英亩的土地。在这些土地中，至少有一半完全成了仙人掌的天下，从而变得毫无用处。

1920 年，一批澳大利亚昆虫学家前往南北美洲，研究当地仙人掌的昆虫天敌。经过对几种昆虫的反复试验，他们在 1930 年把 30 亿颗阿根廷飞蛾卵带回了澳大利亚。

7 年后，最后一片被仙人掌占据和破坏、变得不宜居住的地区又可以定居和放牧了。整个计划的成本是每英亩不到一便士。相反，最初的化学控制成本是每英亩 10 英镑，结果还不尽如人意。

这些例子都表明，控制各种多余的植物时，可以关注食草昆虫的作用。这些昆虫可能是食草动物中最挑剔的，它们极其严格的饮食很容易为人类做出贡献，牧场管理科学却基本上忽略了这种可能性。

# 第七章　无妄之灾

当人类朝征服自然的目标前进时，他们已经创下了令人揪心的破坏纪录，不仅地球遭到了破坏，而且与之共享地球的其他生物也无法幸免。近来的几个世纪简直就是一部黑色的历史：西部平原水牛遭到屠杀，枪手对海鸟进行残害，人类为了得到白鹭的羽毛而对其赶尽杀绝。如今，我们正为这部黑暗的历史书写新的内容，一场浩劫正在徐徐拉开帷幕：人们在土地上肆意地使用杀虫剂直接杀死了鸟类、哺乳动物、鱼类以及几乎所有的野生动物。在我们生存哲学的指引下，没有什么可以阻挡手拿喷枪的人。在喷药圣战中偶然的受害者根本不值一提，如果知更鸟、野鸡、浣熊、猫或者牲畜碰巧与害虫生活在同一区域，它们被雨水般的化学毒药所击倒，任何人也无法抗议。

当今，希望对伤害野生动物做出公正裁决的人们面临进退两难的境地。一方面，环保人士和很多野生动物专家断言破坏是极其严重的，甚至是灾难性的。而另一方面，控制部门却斩钉截铁地否认伤害的发生，即使有，也无严重后果。我们应该相信谁呢？

目击者的说法是最可信、最重要的。在现场的职业野生动物学家最有可能最先发现并解释野生动物受到的伤害。由于昆虫专家缺乏专业素质，从来不愿承认他们对昆虫的控制活动会附带着对其他动植物的毒害作用。州政府和联邦政府防治人员，再加上化学品生产商则一直否认生物学家的报告，并声称没有任何证据表明对野生动物造成了伤害。就像《圣经》故事中的牧师和利未人一样，他们选择从旁闪过，无视这些事实。即使我们慷慨地把他们的否认当作专家的短视和私利作祟，也并不意味着我们相信他们有确凿的证据。

做出判断的最佳方法就是观察主要的防治计划，并向熟悉野生动物习性且对化学品持公正态度的观察者请教。当如雨般的毒药从空中洒向野生动物世界后，究竟发生了什么？对于鸟类观察者、以赏鸟为乐的郊区居民、猎人、渔民或荒野探险者来说，如果什么东西破坏了一个地区的野生动物种群，即使仅在一年的时间内，也等于剥夺了他们享受快乐的合法权利。这是一个令人信服的论点。即使有的时候，一些鸟类、哺乳动物、鱼类在一次喷药后会恢复过来，但也会对它们造成严重的伤害。何况这样的恢复是不可能的，因为喷药通常是重复进行的，哪怕野生动物只接触一次，恢复的机会也会很渺茫。其结果往往是，造就一个有毒的环境、一个致命的陷阱，不仅原来的动物深受其害，新迁来的动物也不能置身其外。喷药的面积越大，造成的伤害也就越大，因为安全绿洲已经不复存在。

如今，在以昆虫防治计划（几万甚至几百万英亩的土地被喷洒药剂）为标志的 10 年里，在私人和公共用地用药量激增的这 10 年中，美国野生动物的伤害和死亡纪录也在不断被刷新。让我们来了解一下这些计划，看看随之发生了些什么。

1959 年秋天，密歇根南部约 2.7 万英亩的地区，包括底特律市的很多郊区，都被来自空中的艾氏剂颗粒覆盖着。艾氏剂是所有氯化烃中最危险的。这项计划由密歇根州和美国国家农业部联合执行，目的是控制日本甲虫。

实际上没有必要进行如此猛烈而危险的行动。与上述做法相反的是，美国著名的博物学家、学识渊博的沃特·尼克尔表达了不同意见。他大部分时间都在田野里度过，而且每年夏天都会在密歇根南部待很长时间。他说："30 多年以来，以我的直接经验判断，日本甲虫在底特律的数量很少。在过去几年中，并没有见到甲虫数量明显增加。1959 年，除了政府在底特律用设置的粘虫卡逮住了几只之外，我没见过一只日本甲虫……所有的事情都在秘密进行，它们数量增多有什么后果，我们不得而知。"州政府的官方消息宣布，甲虫已经在其指定空中打击的区域"大量出现"。尽管并不令人信服，这项计划还是如火如荼地开展起来了。密歇根州提供人力，并监管计划的执行，联邦政府提供设备和补充人员，杀虫剂的费用则由各个社区均摊。

日本甲虫是意外被引进美国的。1916 年，日本甲虫首次出现在新泽西州，当时，利佛顿市附近的一个苗圃里发现了浑身绿莹莹的甲虫。起初，人们并不认识这些虫子，后来确认它们是日本群岛的普通居民。很明显，它们是在 1912 年实行限制之前，随着苗木进口一起来到美国的。

从进入美国起，日本甲虫就开始在密西西比河以东的各个州扩散开来，因为那里的温度和降雨很适合甲虫的生存。甲虫每年都会向新的领地扩张。在甲虫长期生存的东部地区，人们尝试了自然控制的方法。诸多记录表明，在采取了措施的地区，甲虫的数量被控制在比较低的水平。

尽管东部地区有合理的控制经验，面对近在咫尺的甲虫，中西部各州发动了潮水般的攻势，这种攻击足以打击任何顽固的敌人，而不是区区一些虫子。他们使用了最危险的化学品，使无数的人、家畜以及所有的野生动物都暴露在针对甲虫的毒药之下。结果，这些控制甲虫的行动导致了大量动物死亡，并使人类面临危险。在控制甲虫的名义下，密歇根、肯塔基、爱荷华、印第安纳、伊利诺伊以及密苏里的诸多地区都遭到了化学药剂雨水般的袭扰。

其中，密歇根州的喷雾行动是第一次针对日本甲虫开展的大规模空中打击。由于艾氏剂是当时最便宜的化学药剂，选择这种最致命的化学药剂，不是因为它的杀伤力大、效果好，而是出于省钱的考虑。虽然州政府透露给媒体的官方消息中承认艾氏剂是一种"毒药"，但是他们宣称这种药剂不会对人口稠密的地区造成危害（对于"我们应该采取哪些预防措施"这种疑问，官方的答复是"对你来说，用不着"。）。联邦航空局的一位官员在当地媒体上称："这是一次安全的行动。"底特律公园和娱乐部的一名代表也附和道："喷雾对人类无害，也不会伤害植物或者你的宠物。"所有的人都会怀疑这些官员根本没有查阅过早已出版、触手可得的美国公共卫生局、鱼类及野生动物管理局和其他机构关于艾氏剂剧毒的报道。

密歇根害虫防治法允许该州无须通知个人或者得到个人允

许，便可以进行喷药，于是飞机在低空飞行开始作业。紧接着，市政府和联邦航空局立即被市民担忧的电话包围。据底特律新闻报道，在一个小时内，这些地方接到近 800 个电话，随后，警方向电台、电视和新闻报纸求助，告知市民"他们所见到的事情的真相，而且这是一次安全的行动"。联邦航空局的安全官员向公众保证："飞机是受到严密监控的，也是得到低空授权的。"他还做了一些错误的尝试来安抚公众的恐慌，补充说飞机上有安全阀门，可以瞬间丢弃所有的药物。所幸的是，这样的事情并没有发生。在飞机作业的时候，弹药似的杀虫剂落在甲虫身上，也落在人们身上。"无害"的毒粉砸在购物和上班的人们身上，也扫射在午餐时间走出校门的孩子身上。家庭主妇们忙着把门廊和人行道上的颗粒扫出去，据她们说，这些地方就像刚刚下了一场雪。之后，密歇根奥特朋协会指出："在屋顶木瓦的缝隙里，在檐沟里，在树皮和树枝的裂缝里，落满了钉头大小的细小白色艾氏剂黏土混合颗粒……一旦遇到下雨或者下雪，每个水坑都会变成致命的毒剂。"

喷雾行动仅仅几天之后，底特律奥特朋协会便开始接到关于鸟类的求助电话。据协会秘书长安妮·博伊斯夫人讲："在星期天的早上，我接到了第一个有关鸟类的电话，是一名妇女说她在教堂回家的路上看到许多已经死亡和濒临死亡的小鸟，数量触目惊心，这说明人们开始担心喷雾的后果了。喷雾是在星期四完成的。她说，之后所有的地方都见不到鸟儿飞翔了，她还在自家的后院里发现了至少 12 只小鸟的尸体，她的邻居还发现了死去的松鼠。"那天博伊斯夫人接到的所有电话都在报告："大量死亡的小鸟，没有一只还活着……家里有喂鸟器的人说一只鸟儿也没来。"被发现的垂死的鸟儿表现出典型的杀虫剂中毒症状：颤抖、麻痹、抽搐，失去飞行能力。

受到直接影响的动物不仅是鸟类。一位当地的兽医说，他的诊室里全是给小狗、小猫看病的人。小猫会非常细致地舔自己的爪子，梳理头部的毛，所以病情也最严重。它们的症状是严重腹泻、呕吐和抽搐。兽医能给的建议无非是尽量让小猫待在屋里，如果出去的话，回来要立即清洗它们的爪子。但是，就连蔬菜和水果上的氯化烃都洗不掉，可见，这种措施起不到任何保护作用。

尽管城镇的卫生专员极力否认，称鸟儿是被"其他喷剂"杀害的，接触艾氏剂后引起的喉咙和胸腔过敏一定是"别的物质"造成的，但是当地卫生部门遭到了潮水般的投诉。底特律一名著名的内科医生在一小时内被请去治疗四名病人，他们都是在观看飞机喷药时接触了药剂。所有的人都表现出相同的症状：恶心、呕吐、发烧且感觉寒冷、极度疲乏、咳嗽。

使用化学药剂对付日本甲虫的呼声不断升高，使底特律的经历在其他地方反复上演。在伊利诺伊州的蓝岛市，人们发现了几百只已经死亡和奄奄一息的鸟儿。1959 年，伊利诺伊州朱利叶市大约有3000英亩土地经七氯处理。据当地一家猎人俱乐部的报告，经过处理的区域内的鸟类"几乎死光了"。兔子、麝鼠、负鼠和鱼类也大量死亡。当地的一所学校收集中毒而死的鸟类，并作为一个科研项目……

可能不会有别的地方比伊利诺伊东部的谢尔顿市和相邻的易洛魁县地区的遭遇更加悲惨了，因为这些地方根本没有甲虫。

1954 年，美国农业部联合伊利诺伊农业局开始沿入侵路线根除日本甲虫，希望通过高密度的喷洒消灭所有入侵的昆虫。第一次铲除行动在当年就发生了，1400 英亩的土地上被喷洒上了狄氏剂。1955 年，另外 2600 英亩的土地受到了同样处理，原以为任务已经完成。然而，越来越多的地区要求进行化学防治，结果到 1961 年年末，大约有 131000 英亩的土地进行了化学杀虫。

仅仅在喷药进行的第一年，就有很多野生动物和家畜死亡。尽管如此，在没有与美国鱼类及野生动物管理局或伊利诺伊狩猎管理部门协商的情况下，化学治理还是得以进行。（然而，在 1960 年春天，农业部的官员在一次国会会议上对一项要求提前协商的法案提出了反对意见。他们委婉地宣布，这项法案没有必要，因为合作和协商是"经常性的"。这些官员根本想不起来"在华盛顿层面"那些不予合作的情况。在当天的听证会上，他们也明确表示不愿意与州渔业和狩猎部门协商）。

化学防治的资金总是源源不断，但是伊利诺伊自然历史调查所的生物学家在研究野生动物所受伤害时却捉襟见肘。在 1954 年，他们只有 1100 美元用于雇用一名现场助手，而在 1955 年则没有任何专门资金。尽管困难重重，生物学家们还是收集了很多事实，进而描绘出了野生动物遭受毁灭的悲惨画面——这种毁灭往往在计划刚开始执行时就已经很明显了。

食虫鸟类的中毒程度不仅仅取决于所用的药剂，还与药剂的施用方式有关。在谢尔顿市早期计划中，每英亩土地施用 3 磅狄氏剂。但是，鹌鹑实验已经证明狄氏剂的毒性大约是 DDT 的 50 倍。因此，谢尔顿市每英亩土地相当于承受了大约 150 磅

DDT！而且这还是最小值，因为在农田的边沿和角落里人们会重复喷洒。

化学药剂渗入土壤后，中毒的甲虫幼虫因为难受会爬出地面，它们会继续存活一段时间，这样就引来了鸟儿啄食。处理两周后，还会有各种死亡和垂死的昆虫出现在地面上。这对于鸟类的影响是显而易见的。褐色长尾莺、燕八哥、野云雀、白头翁和野鸡几乎被一扫而光。据生物学家的报告，知更鸟几乎"全军覆没"。一场细雨过后，死掉的蚯蚓随处可见；知更鸟可能是吃了有毒的蚯蚓而死的。其他鸟儿的命运也是一样，曾经有益的雨水变成了一种致命的毒药，其原因就是化学药剂的邪恶力量。在喷药几天之后，喝过雨坑里的水或者洗过澡的鸟儿都死去了，无一幸免。

幸存的鸟儿也失去了繁育能力。尽管在处理过的地区仍发现有鸟巢，少数几个鸟巢中也有鸟蛋，但是蛋里不会孵出小鸟。在哺乳动物中，地松鼠已经灭绝。它们的尸体呈现中毒暴毙的状态。喷药地区也发现了麝鼠的尸体，田野里出现了死去的兔子。黑松鼠曾经是这个地区常见的动物，喷药之后，再也难觅它们的身影了。

在对甲虫发动战争后，能在谢尔顿地区的田野里发现一只猫就算是上帝的恩赐了。在实施喷洒计划的第一个季节，90%的猫就成了狄氏剂的受害者。由于这些毒药在别处留下了黑色记录，这样的悲剧是可以预知的。猫对所有的杀虫剂都极为敏感，尤其是对狄氏剂。在爪哇西部，由世界卫生组织开展的抗疟计划中，很多猫都死掉了。在爪哇中部，猫死得非常多，以至于猫的价格翻了一倍还多。同样，世界卫生组织在委内瑞拉展开的喷药活动，导致那里的猫成了珍稀动物。

在谢尔顿地区，杀虫运动的受害者不仅仅是野生动物和宠物。通过观察发现，一些羊群和牛群都有中毒和死亡的现象。自然历史调查所对其中一起事件进行了如下报告：

> 穿过一条砾石路，羊群被赶到了一块很小的、未经喷药的蓝草牧场，因为原来的农田在5月6日喷过了狄氏剂。很明显，一些飞沫已经穿过马路侵袭了这片牧场，因为羊群立刻出现了中毒的症状……它们不想吃草，显得烦躁不安，沿着牧场栅栏转来转去，想要找到出口……它们不愿意受到驱赶，不停地咩咩叫着，头也耷拉着；最后，它们被带离了牧场……羊群表现出很想喝水的症状。在穿过小溪旁时，有两只羊已经死了，剩下的羊被反复赶离溪水边，还有一些羊是被硬生生拽走的。最终有3只羊死亡，其余的慢慢恢复过来了。

这就是1955年年末的情况。尽管在随后的几年中，化学战仍在持续，但是研究其危害的经费却已经被掐断了。自然历史调查所把需要的野生动物与杀虫剂的研究经费列在向伊利诺伊立法机构提交的年度预算中，这个要求再次被否定了。直到1960年，一位野外助手的工资才发到手，而他付出的劳动是一个人同时段工作量的4倍。

此项研究在 1955 年已经完全中断了，当生物学家重新开始的时候，野生动物的灾难仍在继续。与此同时，化学药剂已经换成了毒性更强的艾氏剂了，鹌鹑实验证明它的毒性是 DDT 的 100～300 倍之间。到了 1960 年，在这一地区生活的哺乳类动物均受到不同程度的伤害。鸟类的情况更加糟糕。在唐纳文镇，与白头翁、燕八哥和长尾莺的情况一样，知更鸟也灭绝了。在其他地方，所有鸟类的数量都在急剧减少。打野鸡的猎手最能强烈地感受到这场屠虫大战的影响。在药剂处理过的地方，鸟窝的数量减少了大约一半，而孵出小鸟的数量也急剧减少。在过去的几年中，这个地方是打野鸡不可多得的好去处，如今由于没有野鸡出没，已经变得无人问津了。

打着消灭日本甲虫的旗号，人类发起了这场浩劫，在 8 年的时间里，易洛魁县超过 10 万英亩的土地经过药物处理，结果发现对于这种昆虫的遏制只是暂时的，它们仍在向西扩张。这次低效计划造成的损失恐怕永远无法计算出来，因为伊利诺伊生物学家给出的结果仅是一个最小值。如果有充足的经费来开展全面调查的话，结果可能会令人震惊。但是，在计划实施的 8 年里，总共只有 6000 美元供生物学家进行实地研究。与此同时，联邦政府在防治计划中投入了约 37.5 万美元，州政府也提供了几千美元。生物学家们的研究经费仅仅是化学防治计划的百分之 1。

中西部地区的这些计划都是在一种恐慌的情绪下开展的，好像甲虫的扩张造成了极端的威胁，为了对付它们可以不择手段。这显然是对事实的曲解，如果承受了化学药剂侵害的人们了解日本甲虫在美国的早期历史的话，他们就不会对漫天飞舞的毒药保持缄默了。

东部各州的运气很好，甲虫入侵是在合成杀虫剂发明之前，他们不仅避免了虫灾，成功地控制了甲虫的数量，并且采用的方法对其他生物不会构成威胁。与底特律和谢尔顿的喷药相比，东部可以说是风平浪静。这些方法充分发挥了自然的力量，效果显著而持久，而且不会对环境造成破坏。

甲虫在进入美国最初的十几年中，因失去了本土的控制因素，其数量增长迅猛。但是，直到1945年为止，在甲虫蔓延的地方，它们构不成什么危害。因为从远东引进的一种寄生虫成为了甲虫致命的病原体，使甲虫的数量逐渐减少。

经过仔细搜寻，从1920年到1933年，科学家在东亚本土找到了34种捕食或者寄生昆虫，用来进口以实现自然控制。这些昆虫中，有5种在美国东部很好地生存了下来。其中效果最好、分布最广的是来自朝鲜和中国的一种寄生黄蜂。雌蜂在土壤中找到甲虫幼虫后，会将一种液体注入甲虫幼体内，使其麻痹，然后把一只卵放入幼虫的表皮之下。蜂卵孵化后的幼虫会慢慢吃掉麻痹的甲虫幼虫。在大约25年的时间里，通过各州政府与联邦机构的合作项目，东部的14个州引进了这种黄蜂。黄蜂在这片区域得到了发展，它们在控制甲虫方面的贡献也得到了昆虫学家们的认可。

一种细菌性疾病发挥了更为重要的作用。这种疾病可以影响日本甲虫所属的金龟子科昆虫。它是一种非常特别的生物，不会攻击其他昆虫，对蚯蚓、温血动物和植物都很安全。这种疾病的芽孢生长在土壤中。当被甲虫幼虫吞食后，它会在幼虫的血液里迅速繁殖，使其呈现出异常的白色，因此这种病被称为"乳白病"。

乳白病是 1933 年在新泽西州发现的。到了 1938 年，乳白病在日本甲虫较早侵袭的地区已经非常普遍了。为了加速扩散这种疾病，政府在 1939 年开展了一项防控计划。当时并没有发明扩散病原体的人造媒介，但是人们找到了一种很有效的替代物：把受感染的幼虫碾碎、晾干，然后与白灰混合。按照标准，每克混合物中含有 1 亿芽孢。通过联邦政府的合作计划，从 1939 年到 1953 年，东部的 14 个州约有 9.4 万英亩的土地得到了处理；属于联邦政府的其他土地也得到了处理；另外，各组织和个人也在广大的区域上自行进行了处理。到了 1945 年，乳白病已经在康涅狄格州、纽约州、新泽西州、达拉华州以及马里兰州扩散开了。在一些实验地区，幼虫的感染率高达百分之 94。1953 年，政府组织的扩散计划结束，转而由私人实验室接管，以便继续供给个人、园艺俱乐部、公民协会以及所有其他对防治甲虫感兴趣的人们。

东部地区通过开展此项计划，实现了对甲虫的自然控制。乳白病细菌可以在土壤中存活很多年，提高了控制效率，并可以通过自然媒介继续传播。既然在东部有如此成功的经验，为什么不在伊利诺伊州以及其他中西部地区尝试同样的方法，而是对甲虫疯狂地发动化学战争呢？

有人告诉我们，用乳白病芽孢接种"太昂贵"，但在 20 世纪 40 年代的东部 14 个州却没人这么认为。到底是通过怎样的计算方法得出"太昂贵"的结论呢？这显然不是通过对谢尔顿喷药的真正损失计算出的。这种判断还忽略了一个事实——芽孢只需接种一次，可以毕其功于一役。

也有人说，芽孢在甲虫分布的边缘地带不能使用，因为它们只能在甲虫密集的土壤中才能生存。跟其他支持喷药行动的言论一样，这种观点同样值得怀疑。引起乳白病的细菌可以感染至少40种甲虫，这些甲虫分布广泛，即使日本甲虫很少或者根本没有，也能保证它们的存活。此外，由于芽孢能够在土壤中存活很长时间，可以在没有甲虫的区域或者甲虫出没的边缘地带预先撒播，可以静候甲虫的光临。

那些不惜一切代价、希望立竿见影的人们一定会继续使用化学药剂来对付甲虫。对于那些喜欢现代快速消费模式的人们也一样，因为化学防治永续不断，需要频繁更新、巨大投入。

另外，那些希望得到圆满结果的人们愿意等上一两个季节，所以他们会选择乳白病这种防治方法；他们将得到长久的回报，而且随着时间的推移，控制的效果会越来越好。

美国农业部在伊利诺伊州皮奥瑞亚的实验室进行了一项广泛的研究，希望找到人工培育乳白病细菌的方法。这将极大地减少成本，并促进这种方法的广泛应用。经过多年努力，相继有一些成果问世。一旦这种"突破"得以实现，我们从如何防治日本甲虫中就可能重拾一些心智和远见，人们会意识到，之前在中西部进行的灭虫行动所造成的浩劫简直就是一场噩梦……

伊利诺伊州东部的喷药事件提出的问题，不仅属于科学层面，而且属于道德层面。是否任何文明都能为了自身利益而对其他生命任意发动战争，却不会丧失其"文明"资格？这些杀虫剂不是选择性毒剂，它们不会精心挑选出我们要打击的那一类生物，被选用的原因只因为它们是致命的毒药。因此，它们会杀死所有接触到的生物：主人心爱的小猫、农民饲养的牛、田野里的兔子以及空中飞翔的云雀。这些动物对人类不构成任何危害。相反，它们的存在给人类带来了很多乐趣。然而，人类回报给它们的是突然的、惊惧的死亡。谢尔顿市的一位科学观察员对一只垂死的野云雀做了如下描述："它斜躺在一边，尽管它的肌肉失去了协调能力，飞不起来，也难以站立，但仍然扑棱着翅膀，爪子也挣扎着要试图抓住什么东西。它的嘴张着，呼吸显得特别吃力。"已经死去的松鼠做出了更加可怜的无声控诉，它们呈现出的"死亡状态非常特别。背部深深地弯曲着，两只前爪紧紧抱在一起，努力伸向胸前……头和脖子向外伸着，通常嘴里咬着泥土，说明它们死亡前曾啃咬过地面"。

对于给其他生物造成极大痛苦的这种行为，我们居然默许了。作为人类，我们当中有谁不会因此而感到羞愧呢？

# 第八章　消失的歌声

如今，美国越来越多的地区已经看不到鸟儿来报春了；以往的清晨都能听到鸟儿美妙的啭鸣，现在已经变成了一片死寂。鸟儿的歌声连同带给我们的色彩、美感和乐趣消失得如此迅速又悄无声息，以至于那些未受影响的居民都没有觉察到任何异常。

伊利诺伊州辛斯戴尔镇的一位家庭主妇绝望地给一名世界著名的鸟类学家、美国自然历史博物馆鸟类馆名誉馆长罗伯特·墨菲写了一封信。信（写于1958年）中说道：

在我们的村子里，最近几年一直在给榆树喷药。6年前我们搬到了这里，那时候鸟类多种多样，我安装了一个喂鸟器。每年冬天，红雀、山雀、绒毛鸟、五子雀都会陆陆续续地飞来觅食。夏天的时候，红雀和山雀会把幼鸟带来。喷洒了几年DDT之后，镇上的知更鸟和八哥消失了；两年来，山雀再也没有光顾过我家的喂鸟架子，今年红雀也不见了；在附近筑巢安家的鸟类好像只剩下了一对鸽子，可能还有一窝猫雀。

孩子在学校里学到过联邦法律禁止杀害和捕捉鸟类，所以很难向他们解释这些鸟都被杀光了。"它们还会回来吗？"他们问。我不知道该怎样回答。榆树也在渐渐死去，鸟儿更无法幸免。我们采取什么措施了吗？能有什么办法吗？我可以做些什么呢？

联邦政府为了对付火蚁，开展了大规模的喷药计划，一年后，亚拉巴马州的一位妇女写道："我们这个地方在过去的半个世纪里一直是名副其实的鸟类乐园，去年7月份我们还在议论'今年的鸟儿比以前来的更多'。突然，在8月的第二个星期，它们全部不见了。最近，我心爱的一匹马刚刚产下了一匹小马驹，我习惯早起来照料它们，但是听不到一丝鸟鸣。这种情况既怪异又让人害怕。人们对我们美丽至极的世界做了些什么？直到5个月之后，我才终于见到了一只蓝冠鸦和一只鹐鹩。

在她提到的那个秋天里，美国南部地区也发布了一些生态状况严峻的报告。国家奥特朋协会与美国鱼类和野生动物管理局共同出版的季刊《野外瞭望》中提到，在密西西比、路易斯安那和亚拉巴马出现了"鸟类全部消失的奇怪现象"。《瞭望》杂志收录的报告均来自富有经验的观察家。他们在当地生活多年，深谙当地鸟类的习性。一位观察家报告说，她在密西西比南部开车行驶了很长的路程，连一只鸟也没看见。另一位来自巴顿鲁治的观察员说，她的喂食器已经有好几个星期没有鸟儿来过了，以前这个时候，院子里灌丛的果实早就被鸟儿啄食干净了，可是现在灌木上的浆果满满当当的。还有一位观察者提到，他家的落地窗前通常会遍布着四五十只红雀，还有其他各种鸟儿，现在见到一两只都很难了。西弗吉尼亚大学的莫里斯·布鲁克斯教授是阿巴拉契亚地区的鸟类专家，他的报告中提到，西弗吉尼亚地区的鸟类数量"锐减的速度令人难以置信"。

　　有一个故事可以作为鸟类悲惨命运的象征——一些鸟儿已经惨遭厄运，所有的鸟儿也面临这样的危险。这就是大家所熟知的知更鸟的故事。对于千百万的美国人来说，年度中第一只知更鸟的到来意味着冬天的牢笼被打破了。知更鸟的造访往往能登上报纸的版面，也会成为人们早餐时间津津乐道的话题。知更鸟不断飞来，森林里也萌发了丝丝绿意。在清晨的阳光下，无数的人聆听第一首知更鸟的合唱，美妙的音符在明媚的阳光下翩翩起舞。但是现在一切都变了，甚至连鸟儿的光临也成了奢望。

　　知更鸟和其他鸟类的命运看来与榆树是紧密相连的。从大西洋沿岸到落基山山脉，榆树是成千上万城镇历史的组成部分，它们浓密的枝叶形成了雄伟的绿色拱廊，给无数的街道、广场和校园增添了十足的魅力。可是，现在一种疾病横扫了所有的榆树，很多专家都认为这种疾病过于严重，榆树已经无药可救了。失去榆树已经足以令人心痛，如果拯救行动也功亏一篑，又把大部分鸟类扔进覆灭的黑夜之中的话，后果会更加悲惨。然而，这就是正在发生的事情。

　　所谓的荷兰榆树病是在大约1930年，随着饰板业进口榆树段而进入美国的。这是一种真菌疾病，这种细菌会侵入榆树的输水导管中，芽孢通过树液的流动进行扩散，它们通过分泌有毒物质和阻塞作用，使树枝枯萎，榆树死亡。这种疾病通过榆树皮甲虫从病树扩散到健康的树。甲虫会在死去的榆树皮下开凿通道，而通道里真菌的芽孢挤得满满当当，芽孢会附在甲虫身上，甲虫飞到哪儿，就把疾病带到哪儿。控制这种疾病的主要方法一直是控制传播媒介——甲虫。于是在很多地方，尤其是中西部和新英格兰地区这些榆树集中的地方，人们开展了大规模的长期喷药行动。

两位鸟类学家首次揭示了这种喷药行动对鸟类，尤其是对知更鸟的影响。他们分别是密歇根州立大学乔治·华莱士教授和他的学生约翰·麦纳。1954年，麦纳先生开始攻读博士学位，他选择了与知更鸟相关的研究课题。这也许是个巧合，因为那时候没有人认为知更鸟正面临危险。但是，就在他开始工作的时候，事情发生了。这件事改变了他课题的性质，并剥夺了他的研究对象。

1954年，针对荷兰榆树病的喷药行动仅在大学校园的小范围内进行。到了第二年，东兰辛市（这所大学的所在地）加入了喷药行动，校园喷药范围开始扩大。由于当地针对舞毒蛾和蚊子的防治计划也在进行，于是化学药剂从烟雾蒙蒙演变成了倾盆大雨。

1954年蜻蜓点水式的喷药后，一切正常。第二年春天，知更鸟像往常一样飞回了校园。像汤姆林森的著名散文《失去的森林》里的风信子一样，回到自己熟悉的地方时，它们"没有预感到会发生不幸"。但是，很快问题就出现了：校园里的知更鸟不是已经死亡，就是奄奄一息。在它们以前觅食和栖息的地方，见不到一只鸟。没有新建的鸟巢，也没有小鸟出生。接下来的几个春天，情况依旧如此。喷药的地方已经变成了死亡陷阱，每一波迁徙至此的知更鸟在一周内就会被赶尽杀绝。还会有鸟儿来到这里，它们都会在这里痛苦地颤抖着慢慢死去。

华莱士教授说："对于想在春天里筑巢的那些鸟儿来说，校园已经变成了它们的墓地。"但是，为什么会这样呢？起初，他怀疑是鸟儿的神经系统出了毛病，但是真相很快就水落石出了，知更鸟是因为杀虫剂中毒而死的，而不是像喷药人保证的那样"对鸟类无害"。它们的典型症状包括：失去平衡、颤抖、抽搐，最终死亡。

一些事实表明知更鸟中毒不是因为与杀虫剂直接接触，而是因为吃了蚯蚓。在一项研究中，一些蝼蛄偶然吃了蚯蚓，所有的蝼蛄立刻死了。实验室的一条蛇吃了蚯蚓后，立刻剧烈颤抖起来。而蚯蚓是知更鸟春天的主要食物。

很快，位于厄巴纳市的自然历史调查所的罗伊·巴克博士就补全了知更鸟死亡迷局的一块关键拼图。巴克博士的著作于1958年出版，该书找到了错综复杂关系中的关键线索——知更鸟的命运通过蚯蚓与榆树联系起来了。榆树在春天被喷洒了农药（通常剂量是50英尺的一棵树使用2~5磅DDT，相当于在榆树密集的地方每英亩施用23磅），在7月份，通常会以一半的剂量再喷一次。强力喷枪给所有的高大树木均匀地喷上了农药，不仅杀死了预定目标——树皮甲虫，还杀死了其他昆虫，包括传粉昆虫、捕食的蜘蛛和甲虫。毒素紧紧粘在叶子和树皮上，雨水也冲刷不掉。秋天，树叶落在地上，积成湿湿的几层，并开始与土壤慢慢结合。在整个过程中，勤劳的蚯蚓帮了大忙，它们以残叶为食，而榆树叶是它们最喜爱的食物之一。蚯蚓在吃树叶的同时，也吃下了杀虫剂，并在体内不断累积、浓缩。巴克博士在蚯蚓的消化道、血管、神经和体壁中都发现了 DDT。毫无疑问，一些蚯蚓中毒而死，但是幸存的就变成了毒素的"生物放大器"。春天，知更鸟飞回来之后，整个循环中又增加了一环。只需 11 只较大的蚯蚓就含有足以毒死一只知更鸟的 DDT。一只鸟在十几分钟之内就可以吃掉 10~12 条蚯蚓，可见 11 条蚯蚓只是知更鸟一天食量的一小部分。

　　并不是所有的知更鸟都摄入了致命的剂量，但是另一种破坏作用一样会导致它们的灭绝。不孕的阴影笼罩了所有被研究的鸟类，在药剂所及范围之内，所有生物都无法逃脱。在密歇根大学 185 英亩的土地上，如今每年春天只有二三十只知更鸟，而在喷药之前，保守估计也有 370 只左右。1954 年，麦纳观察到的知更鸟都会产下鸟蛋。到了 1957 年 6 月末，校园里应该至少有 370 只幼鸟在觅食（与成鸟的数量相对应），然而麦纳只发现了一只。一年后，华莱士教授提道："1958 年的春天和夏天，在校园里我没看见一只幼鸟，而且截至目前，也没有听说别人发现过。"

　　当然，没有幼鸟出生的部分原因是，在筑巢完成之前，一对或者更多的知更鸟就已经死了。但是华莱士发现了一个更为凶险的事实——鸟儿的繁殖能力遭到破坏。例如，他记录的"知更鸟和其他鸟类都筑了巢却没有下蛋，而那些下了蛋的鸟却孵不出小鸟。我们观察了一只知更鸟，它忠实地孵了 21 天，但却没有孵出幼鸟，而正常的孵化时间是 13 天。分析的结果显示，"繁殖期的鸟儿睾丸和卵巢里有大量的 DDT"，他在 1960 年的国会委员会上说，"10 只雄鸟睾丸中的 DDT 含量为百万分之 30 到百万分之 109，两只雌鸟卵巢卵泡中的 DDT 含量为百万分之 151 到百万分之 211。"

很快，其他地区的研究也得出了令人沮丧的结果。威斯康星大学的约瑟夫·希基教授和他的学生们把喷药地区和未处理地区做了对比研究，发现知更鸟的死亡率至少为百分之86到百分之88。位于密歇根州的克兰布鲁克研究院，试图评估给榆树喷药所造成的鸟类伤亡程度，于是在1956年，研究人员要求所有疑似DDT中毒的鸟类都要送到该院做检查。对此，人们的回应出乎意料。在接下来的几个星期之内，该院常年闲置的机器一直在超负荷运转，他们只好拒绝对其他鸟类的检测。到了1959年，仅在这一个社区就有1000只中毒的鸟儿被送来检查。虽然知更鸟是主要的受害者（一名妇女给该院打电话说她家的草坪上死了12只知更鸟），但送到该院检查的鸟类总共有63种。

所以，知更鸟只是榆树防治计划中被毁坏的其中一环，而榆树喷药只是全国进行的各种防治计划中的一个。已经有90种鸟类出现了大量死亡，其中包括郊区居民和业余的自然学家最熟悉的种类。在一些喷过药的城镇，筑巢的鸟类数量减少了90%。正如我们看到的那样，所有种类的鸟都受到了影响——地上觅食的、树上啄食的、树皮上捕猎的和食肉鸟类等。

有理由推测，以蚯蚓或其他土壤生物为主食的所有鸟类和哺乳动物都将面临知更鸟的命运。约有45种鸟类的食物中包含蚯蚓，其中一种鸟是丘鹬，它们一般在南方过冬，而那里近来已经喷洒了大量七氯。如今，关于丘鹬有了两个重要发现：新布伦瑞克的繁殖地出生的幼鸟数量急剧减少，而且成鸟体内含有大量的DDT和七氯。

令人不安的是，已经有证据表明，有20多种地面觅食的鸟类出现了大量死亡，它们的食物——蠕虫、蚂蚁、蛆或其他土壤生物都是有毒的。这里面包括3种画眉，它们的优美歌喉在鸟类中出类拔萃。几种受毒害的鸟分别是：绿背鸟、黄褐森鸫和隐居鸫，还有那些掠过灌丛、沙地在落叶中觅食的雀类——歌雀和白喉雀，也成了喷药的受害者。

哺乳动物也很容易直接或间接地被卷入这个体系。蚯蚓是浣熊的主要食物；负鼠在春天和秋天的时候也会吃蚯蚓；地鼠和鼹鼠也会大量捕食蚯蚓，这样就可能把毒素传播给长耳枭和仓枭这类猛禽。

春天一场暴雨过后，威斯康星州出现了几只死去的长耳枭，它们可能吃了中毒的蚯蚓。老鹰和猫头鹰都出现抽搐的症状，如大角鹰、长耳枭、雀鹰和泽鹰等。这些可能就是二次中毒的案例，它们可能吃了其他鸟类或者老鼠，而被捕食的动物肝脏或别的器官里积累了大量的杀虫剂。

因榆树喷药而面临危险的不仅仅是在地面觅食的动物或它们的猎食者。在树叶上找昆虫吃的鸟儿也消失了，包括森林精灵——红冠鹟鹪和金冠鹟鹪，很小的食虫鸟以及成群飞舞、五颜六色的鸣鸟等。1956年春末，一大群鸣鸟正好碰上一次延迟的喷药，几乎所有飞到这里的鸣鸟种类都出现了死亡。在威斯康星的白鱼湾，过去几年中，总能看到至少1000只桃金娘鸣鸟。1958年喷药后，人们只发现了两只。如果再加上其他地区的死亡案例，我们发现，鸟类死亡的数目是惊人的。被杀死的鸣鸟包括那些最漂亮、最受人喜爱的种类，如黑白林莺、黄林莺、木兰林莺和栗颊林莺；放歌五月的灶巢鸟；双翅如火的黑斑林莺；栗肋林莺、加拿大林莺以及黑喉绿林莺等。它们要么吃了有毒的昆虫而直接受害，要么受到食物短缺的间接影响。

食物的短缺同样也打击了在空中飞翔的燕子，它们努力在空中觅食就如同饥饿的青鱼寻找浮游生物一样。威斯康星州的一位自然学家报告说："燕子受到重创。人们都在抱怨，燕子比四五年前少了很多。4 年前，我们头顶上方全是飞翔的燕子，如今很难见到了……这可能是喷药导致昆虫减少引起的，也可能是燕子吃了有毒的昆虫而死亡了。"

关于其他鸟类，这位观察者写道："另一个损失惨重的是菲比鸟。霸鹟几乎已经灭绝了，但是曾经很常见的菲比鸟也见不到了。今年春天我见到了一只，去年春天也是。威斯康星州的其他猎人也在抱怨。过去我喂过五六对红雀，现在都不见了。鸫鹟、知更鸟、猫鹊和长耳枭每年都会来我的花园筑巢，现在都消失了。夏天的清晨再也听不到鸟儿的歌声，只剩下有害的鸟、鸽子、八哥和英格兰麻雀了。这场灾难让我无法承受。"

秋天，在榆树休眠期喷药后，毒素进入了树皮的每一个缝隙，这可能是山雀、五子雀、花雀、啄木鸟以及褐旋木雀这些鸟类急剧减少的原因。1957 年至 1958 年冬天，华莱士教授多年来第一次发现他家的喂鸟处没有山雀和五子雀的身影。之后，从他发现的 3 只五子雀的中毒事件中显示出了前因后果：其中一只正在榆树上啄食，另一只垂死的，表现出典型的 DDT 中毒症状，第三只已经死去。后来，在第二只五子雀的体内组织里发现了百万分之 226 的 DDT 残留。

鸟类的饮食习惯很容易使它们成为杀虫剂的受害者，从经济角度和其他不易察觉的方面看，它们的死亡又非常可悲。例如，白胸五子雀和褐旋木雀夏天的食物主要是对树木有害的各种昆虫卵、幼虫和成虫等。山雀食物的四分之三是动物，包括处于各个生长阶段的昆虫。在本特不朽的名著《生命历史》中有对山雀觅食方式的描述："鸟群飞过的时候，每只鸟都在树皮、细枝和树干上仔细搜寻着琐碎的食物（蜘蛛卵、茧或其他休眠昆虫）。"

各种科学研究已经证明了在不同情况下鸟类控制昆虫的关键作用。啄木鸟在控制恩格曼云杉甲虫方面作用突出，它们可以使甲虫的数量减少约百分之45到百分之98，并对苹果园里蚜虫的抑制效果也很好。另外，山雀和其他冬季鸟类可以保护果园免受尺蠖的侵扰。

但是，自然界中发生的事情却不能在现代的化学世界中重演。喷洒的药剂不仅杀死了昆虫，还杀死了它们的主要敌人——鸟类。等昆虫卷土重来的时候，再也没有鸟儿去控制它们了。密尔沃基公共博物馆鸟类馆长欧文·格罗梅给《密尔沃基日报》投稿写道："昆虫最大的天敌就是捕食性昆虫、鸟类以及一些小型哺乳动物，DDT的残暴肆虐也杀害了自然界中的保卫和警察……在进步的名义下，我们是否应该因图一时之快为残忍的灭虫大战承担后果，直到最后才发现自己机关算尽而一败涂地呢？在榆树消失、自然卫士（鸟类）中毒而死之后，新生的害虫如果再来攻击其他种类树木的话，我们应该如何应对呢？"

格罗梅先生说，自从威斯康星州开始喷药之后，有关鸟类伤亡的电话和信件就不断增加。这些质问表明，在喷过药的地方鸟儿开始不断死亡。

中西部大部分研究中心的鸟类学家和生态保护人士的观点与格罗梅先生保持一致，这些机构包括密歇根州的克兰布鲁克研究院、伊利诺伊自然历史调查所和威斯康星大学等。在任何一个药物喷洒地区，当地报纸的《读者来信》栏目都表明人们已经觉醒并感到愤怒，而且他们比那些下令喷药的官员对其危害和引发失调的理解更为深刻。密尔沃基的一名女士写道："这是一件可怜又让人心碎的事情……这场屠杀根本达不到预定的目的，一想到这儿，既令人沮丧，又让人感到愤怒……从长远看，如果不管鸟儿，能救得了树吗？在自然环境中，它们难道不是互相依存吗？能不能保护自然平衡，不去破坏它呢？"

其他人的信中也提到，虽然榆树是雄伟的遮阴大树，但它们并不是印度"神牛"，没有必要为了榆树给其他生物来一次"开放式的"大屠杀。威斯康星的另一名妇女写道："我一直都很喜欢榆树，它们就如同我们的地理标志。但是，树的种类成千上万……我们还必须保护鸟类。谁能想象如果春天没有知更鸟的歌唱，这个世界是多么乏味和枯燥啊！"

对于公众而言，很容易形成一个非此即彼的简单选择：要鸟还是要树？但是，事情不会如此简单。正如化学防治表现出的对人类的讽刺一样，如果我们沿着以前的老路走下去，或许最后我们将两者尽失。喷药行动杀死了鸟儿，却没能保护榆树。只要喷药就能挽救榆树的幻想把一个又一个城镇拖入了巨额花费的沼泽，产生的效果却只是昙花一现。康涅狄格州格林尼治市喷药计划持续了 10 年。但是，干旱的一年给甲虫创造了非常适宜的环境，榆树的死亡率飙升了 10 倍。伊利诺伊州厄巴纳市，即伊利诺伊大学的所在地，1951 年这里首次发现了荷兰榆树病，于 1953 年开始喷药防治。到了 1959 年，尽管喷药持续了 6 年的时间，大学校园内还是损失了百分之 86 的榆树，其中一半是由荷兰榆树病造成的。

在俄亥俄州托莱多市，一个相似的经历促使林业主管约瑟夫·斯维尼用更加现实的眼光看待喷药的后果。喷药计划开始于 1953 年，到了 1959 年仍在持续。此时，斯维尼先生发现，执行完"书本和权威机构"建议的喷药计划后，棉枫藓的情况反而更加严重了。于是他决定自己研究榆树喷药的后果，结果令他大吃一惊。他发现，在托莱多市"唯一得到控制的地区是把染病或有虫害的树移除的地方，喷药的区域反而失去了控制。在没有采取任何措施的农村，疾病传播的速度却不如喷药的城里那么快。这说明药剂杀死了害虫的所有天敌。我们必须放弃药物防治计划。虽然这样的看法使我与那些支持美国农业部建议的人产生冲突，但是我掌握了真理，因此会坚持下去的。"

在中西部城镇，榆树病是最近才开始传播的，为什么要坚持采纳昂贵的喷药计划，而不去借鉴其他地方多年的治理经验，实在让人费解。纽约州在防治榆树病方面历史悠久、经验丰富，因为在 1930 年，染病的榆木正是通过纽约港进入美国的。如今，纽约在防治榆树病方面成绩显著，但他们不是依赖药物。实际上，纽约农业推广局没有建议人们使用喷药的方法。

那么，纽约是如何达到这一成就的呢？从对付榆树病的第一天起到现在，纽约就一直实行严格的措施，即立刻移除并处理掉所有生病或感染的树木。起初，结果令人失望，这是因为刚开始人们并不知道不仅要处理生病的榆树，还需要把有甲虫繁殖的树木也一起销毁。感染的榆树被砍倒后，储存起来作为柴火烧，但是如果不在春天之前烧完，就会产生许多带细菌的甲虫。每年四五月份，成虫便从冬眠中醒来，出来觅食，使榆树病得到传播。纽约的昆虫学家根据经验，找出了哪些树木有甲虫繁殖并易于传播这种疾病。通过集中处理这些树木，不仅产生了良好的防治效果，还使防治的成本降到了合理区间。到1950年，纽约市5.5万棵榆树的感染率降到了百分之1。

在1942年，维斯切斯特县开展了一项防治计划。之后的14年中，每年榆树的损失率仅为百分之1。拥有18.5万棵榆树的水牛城，通过防卫计划实现了很好的控制效果，年均损失率也只有百分之1。换言之，按照这种速度，这种病需要300年的时间才能毁灭水牛城的所有榆树。

雪城的情况尤其令人瞩目。在1957年之前，这里并没有采取任何有效措施防治榆树病。从1951年到1956年，雪城一共损失了3000棵榆树。后来，在纽约州立大学林业学院霍华德·米勒的指挥下，大力清除了所有患病的和可能携带甲虫病源的榆树。如今，这里的榆树损失率已经降到了百分之1以下。

纽约的专家强调了防卫计划节约成本的优点。纽约农学院的马蒂斯说："在大部分情况下，实际成本比预想的要小。如果树枝已经死亡或者折断了，为了防止造成财产损失或者人员受伤，必须移除这段树枝。如果是一堆柴火，可以在春天之前把它们烧掉，可以将树皮去掉，或者把榆木存放在干燥的地方。如果是将死或者死了的榆树，为了防止榆树病的传播，把它们立刻清除，成本并不比之后的处理成本高，因为城区的大部分死树终归要清除掉。"

可见，只要采取明智可靠的措施，我们对榆树病也并非完全无计可施。众所周知，榆树病现在仍然无法根除，但是如果某一地区暴发疾病，完全可以通过预防措施把它控制在合理范围之内，这种方法不仅有效而且对鸟类不会造成伤害。森林遗传学为此提供了其他可能性，有望通过实验研发出一种对这种病具有免疫力的杂交榆树。欧洲榆树就具有这种免疫性，而且在华盛顿地区已经种植了很多。即使在本地榆树发病率极高的时候，欧洲榆树仍然安然无恙。

那些失去了大量榆树的地方急需通过加速育苗和造林计划来补充。这一点很重要，虽然这些计划包括抗病的欧洲榆树，但也要考虑种植多种树木，这样的话，就可以避免将来的传染病会毁掉一个地区的所有树。英国生态学家查尔斯·埃尔顿道出了健康动植物群落的关键——"保持生物多样性"。现在的状况大都是生物单一化的结果。但是在二三十年前没人知道，在一大片地方种植单一的植物会招致灾难，所以人们才会让榆树来守护大街、点缀公园。如今，榆树都死了，鸟儿也没了……

与知更鸟类似，美国的另一种鸟儿也濒临灭绝。这就是美国的象征——鹰。在过去的 10 年里，鹰的数量减少之快令人忧心忡忡。事实表明，鹰的生存环境一定发生了变化，并完全破坏了它们的繁殖能力。到底是什么原因，目前尚不得知，但是有证据表明杀虫剂难辞其咎。

沿着佛罗里达西海岸，从坦帕到迈尔斯堡筑巢的鹰是这种鸟类中被研究最频繁的。一位温尼伯的退休银行家查尔斯·布罗利

因在 1939 年到 1949 年给 1000 多只秃鹰幼鸟做过标记而在鸟类
学界声名鹊起（在此之前，历史上只有 166 只鹰绑了鸟足带）。
在幼鸟离巢之前的冬季，布罗利为它们绑上足带。后来的统计显
示，这些佛罗里达鹰会沿着海岸飞至加拿大境内，最远可飞至爱
德华王子岛。在这之前，人们一直认为这些鹰是留鸟。秋天的时候，
它们又飞回南方。人们可以在宾夕法尼亚东部的鹰山这样的一些
有利位置观察到它们的迁徙。

　　在做标记的前几年，布罗利先生在他工作的海岸段每年都能
发现 125 个有幼鸟的巢。每年绑足带的幼鸟大约有 150 只。1947 年，
出生的幼鸟开始减少：一些巢里根本没有鸟蛋；另外一些虽然有
鸟蛋，但是都不能孵化。从 1952 年到 1957 年，大约有百分之 80
的巢没有幼鸟出生。在最后一年里，只有 43 个巢里有鸟儿栖息。
只有 7 个巢里有幼鸟出生（共 8 只）；23 个鸟巢里有蛋，却没有
孵化；有 13 个巢穴被当成了餐室，根本就没有蛋。1985 年，布罗
利先生跋涉了 100 英里，才最终找到了一只小鹰做标记。1957 年
还有 43 个鸟巢里住着成鹰，到现在只剩下 10 个鸟巢里有成鹰了。

　　这一系列的持续观察弥足珍贵，却在 1959 年随着布罗利先
生的去世而宣告结束，但是奥特朋协会，新泽西再加上宾夕法尼
亚的报告证实了我们的确应该重新寻找一个新的国家象征了。鹰
山保护区负责人莫里斯·布朗的报告尤其值得关注。鹰山是宾夕
法尼亚东南部一座风景如画的山峰，那里的阿巴拉契亚山脉最东
端的山脊形成了阻挡西风吹向沿海平原的最后一道屏障。西风遇
到山脉的阻挡向上吹去，形成了稳定的气流，在秋季长着宽大翅
膀的鹰可以乘着气流，在一天之内就能轻松穿越很长的路程。山

脊在鹰山汇聚，候鸟的飞行路线也在此交会。鸟儿从北方广阔的领域一路飞来，一定会路过这个咽喉要道。

莫里斯·布朗在自然保护区当了20多年管理员，他观察记录过的鹰比任何美国人都要多。秃鹰迁徙的高峰在8月底和9月初。这些应该是出生在佛罗里达的鹰，它们在北方待了一个夏季后飞回家乡（在秋季和冬季初期，一些体形更大的鹰会路过这里。它们可能是北方的一种鹰，飞往一个未知的地方过冬）。保护区建立初期，从1935年到1939年，观察到的百分之40的鹰是1岁大的，从它们深色的羽毛就很容易看出来。但是近年来，这些幼鹰已经很少了。从1955年到1959年，它们只占到总数的百分之20；而在1957年，每32只成鹰中只有1只幼鹰。

鹰山观测到的结果与其他地方的一致。其中一份相似的报告出自伊利诺伊自然资源委员会的一名官员埃尔顿·福克斯。北方的鹰可能就在密西西比河和伊利诺伊河沿岸过冬。福克斯先生在1958年对它们的报告中说，近来发现的59只鹰中只有1只是幼鹰。世界上唯一的鹰自然保护区——萨斯奎汉纳河上的蒙特约翰逊岛也出现了类似的现象。这个小岛在康诺文格大坝上游8英里外，距离兰开斯特郡河岸也只有半英里，但仍保持着原始风貌。从1934年起，兰开斯特郡的一位鸟类学家兼保护区负责人赫伯特·贝克先生开始对这里的一个鸟巢进行观察。从1935年到1947年，这个鸟巢每年都有鹰居住，并成功地孵出了幼鹰。从1947年起，尽管有鹰居住，也下了蛋，但是并没有孵出小鹰。

蒙特约翰逊岛和佛罗里达州的情况一样：有些老鹰蹲在巢里，其中一些下了蛋，但是很少或者没有小鹰孵出来。对于这种情况，似乎只有一种解释：某种环境因素导致鹰的繁殖能力下降，现在几乎没有幼鹰出生来使这个物种得以延续了。

　　实验人员证实了这种情况正是人为造成的，其中比较著名的人物是美国鱼类与野生动物管理局的詹姆斯·德威特博士。德威特博士针对鹌鹑和野鸡做了很多经典实验来研究各种杀虫剂对它们的影响。结果证明，接触DDT或相关化学药剂之后，虽然对成鸟不会造成明显的伤害，但可能会严重影响它们的繁殖能力。伤害的表现形式可能不尽相同，但结果是一样的。例如，鹌鹑在繁殖季节如果吃的食物中含有DDT，它仍能存活下来，甚至下的蛋也正常，而且数量也不少。但是孵出来的小鸟却很少。"许多胚胎在发育早期都很正常，但到了破壳的时候幼鸟就会死去。"德威特博士说。即使那些孵出的幼鸟，其中一多半会在5天内死去。在其他对这两种鸟的实验中，如果成鸟在一整年内吃的食物都含有杀虫剂的话，它们无论如何也下不了蛋。加利福尼亚大学的罗伯特·拉德博士与查理德·吉纳利博士得出了相似的结果：如果野鸡的食物中含有狄氏剂，"产蛋会明显减少，幼鸟成活率也很低"。据这些科学家讲，狄氏剂储存在蛋黄中，在孵化和发育的时候会被幼鸟逐渐吸收，从而对幼鸟造成致命伤害。

　　最近，华莱士教授和一名研究生理查德·伯纳德的实验强有力地证实了这种观点。他们研究发现，密歇根大学校园的知更鸟体内含有大量的DDT。在雄鸟的睾丸中、在雌鸟的卵巢里、在发育的卵泡中、在鸟儿体内成型的蛋里、在输卵管中、在废巢未孵化的蛋中、在鸟蛋的胚胎里和在刚孵出来就死去的幼鸟体内，都发现了DDT。

这些重要的研究证实，一旦鸟儿接触杀虫剂，就会对其后代产生影响。毒素储存在鸟蛋中，在滋养胚胎的蛋黄中，就像一个死刑执行令一样，这就解释了为什么德威特博士实验中的幼鸟会死在蛋壳里，或仅在破壳几天后就死去。

在实验室中研究鹰不切实际，但是野外研究已在佛罗里达、新泽西以及其他地方展开，希望找到成鹰不育的可靠证据。与此同时，一些间接证据把不育的矛头指向了杀虫剂。在一些盛产鱼类的地方，鱼是鹰的主要食物（在阿拉斯加大约占鹰食物中的百分之25，而在切萨皮克湾约占百分之52）。毫无疑问，布罗利先生研究的鹰主要以鱼为食。从1945年起，海岸地区就遭到了DDT反复喷洒。空中喷药的主要目标是盐沼蚊。这种蚊子主要生活在沼泽和海岸地区，这里正是鹰觅食的区域。大量的鱼类和螃蟹被杀死。实验分析显示，它们体内DDT浓度很高，大约是百万分之46。鹰的状况与鹧鹕一样，它们因为吃了清湖中的鱼，体内积蓄了大量的DDT。野鸡、鹌鹑以及知更鸟的问题与鹧鹕一样，它们的繁殖能力逐渐下降，其种群难以为继。

当今，世界各地都发出了鸟类面临危险的共鸣。各地报告的细节虽然不同，但主题却只有一个，那就是杀虫剂的使用造成了野生动物的死亡。在法国，葡萄园喷了含砷除草剂后，成百上千只小鸟和山鹑死了。这种鸟在比利时曾盛极一时，但喷过药后，几乎灭绝了。

英国的问题十分特殊，与播种前用杀虫剂处理种子的做法有关。种子处理并不新鲜，但是早期使用的化学品主要是杀菌剂，对鸟类没有造成明显的影响。到了1956年，处理方法升级为双重功效，除了杀菌剂外，人们还会加上狄氏剂、艾氏剂或七氯来对付土壤中的昆虫。这样，情况就变得更糟了。

1960 年春天，关于鸟类死亡的各种报告像洪水一样涌进了英国野生动物管理机构，包括英国鸟类托管协会、皇家鸟类保护协会以及猎鸟协会。诺福克的一位农场主写道："这地方就像一个战场，我的管家发现了大量的小鸟尸体：苍头燕雀、金翅雀、红雀、篱雀、麻雀……野生动物毁灭让人悲痛。"一位猎场看护员写道："我的松鸡全被包衣剂玉米毒死了，还有一些野鸡和其他鸟儿，好几百只鸟都死了……对我这样的看护员来说是一件痛苦的事情。看到一对对松鸡死去，心里难受极了。"

英国鸟类托管协会与皇家鸟类保护协会联合发布了一个报告，描述了 67 只死亡的鸟儿。实际上，1960 年春天死亡的鸟儿远不止这个数字。其中，59 只被包衣剂种子毒死，8 只死于药物喷剂。第二年新一轮中毒事件来袭。下议院接到报告，仅诺福克的一家庄园里就有 600 只鸟儿死亡，北埃塞克斯的一个农场里有 100 只野鸡死去。不久，受影响的郡县就明显超过了 1960 年的记录（第一年有 23 个郡，1961 年有 34 个郡）。以农业为主的林肯郡损失最惨重，大约有 1 万只鸟儿死亡。从北部的安格斯到南部的康沃尔，从西部的安哥拉斯到东部的诺福克，死亡阴影蔓延到了英格兰的所有农场。

到了 1961 年，人们对于这个问题的担忧达到了峰值。下议院成立了一个特别委员会对事件进行了调查，从农民、农场主、农业部代表以及关心野生动物的政府和民间组织进行了取证。一位目击者称："鸽子会从空中突然掉下来摔死。"另一个人说：

"你在伦敦城外开车走一两百英里也见不到一只红隼。"自然保护局的官员做证说:"对 20 世纪或者我所知道的任何时期而言,现在对野生动物或狩猎来说是最危急的时刻。"

对受害者进行化学分析的设备数量明显不足,而且整个国家只有两名化学家能够检测(一名在政府任职,另一名在皇家鸟类保护协会工作)。目击者称焚烧鸟儿尸体时,燃起了熊熊大火。但是,通过努力人们还是找到了尸体拿来检测,结果发现,所有的鸟儿体内都含有杀虫剂,只有一只例外。这只例外的鸟是沙锥鸟,因为它们不吃种子。

除了鸟儿外,狐狸也可能因吃了中毒的老鼠或鸟儿而间接受到影响。英国的兔子泛滥成灾,所以急需狐狸来捕食。但是从 1959 年 11 月到 1960 年 4 月,至少有 1300 只狐狸死亡。在雀鹰、红隼以及其他猛禽几乎消失的地方,狐狸的死亡最严重,说明毒素是从食草动物到肉食动物这样的食物链传播的。即将死亡的狐狸与其他氯化烃中毒的动物一样,不停转圈,头晕目眩,最后抽搐而死。

听证会使委员会确信,对野生动物的威胁已经"极其严重"。委员会向下议院提出建议,"农业部长和苏格兰国务卿应立即下令禁止使用狄氏剂、艾氏剂、七氯或毒性相当的化学药剂处理种子。"委员会还建议,应适当加强控制,以保证化学品在进入市场前接受严格的实地和实验室检测。值得强调的是,这是所有地区对杀虫剂研究的一大空白。生产商做的实验都是针对常规动物(老鼠、狗、豚鼠等),而不包括野生动物如鸟类和鱼类,并且实验都是在人为控制下进行的,所以,他们的研究结果并不适用于野生动物。

英国绝不是唯一面临这个问题的国家。在美国，加利福尼亚和南部的大米产区一直受到此类问题的严重困扰。多年来，加州水稻一直用 DDT 处理种子，以防止鳖虫和清道夫甲虫的危害。由于稻田里水鸟和野鸡众多，加州的猎手以前总是收获颇丰。但在过去 10 年里，产稻地区一直传出鸟类死亡的消息，尤其是野鸡、鸭子和八哥。"野鸡病"变成一种熟悉的现象：鸟儿到处找水喝，浑身麻痹，倒在水沟旁和稻田里不停颤抖。这种病会在春天发作，恰恰是稻田播种的时间，这时 DDT 的浓度是成年野鸡致死量的很多倍。

随着时间的推移，人们又研制出了毒性更强的杀虫剂，包衣种子造成的危害不断增加。如今，艾氏剂广泛应用于种子包衣，对野鸡来说，它的毒性是 DDT 的 100 倍。在得克萨斯东部的稻田里，这种做法已经严重影响了栗树鸭的数量。这种鸭子呈黄褐色，长得像鹅，生活在墨西哥湾沿岸。确实有理由相信，水稻种植户使用双重功效的杀虫剂，造成了八哥数量的下降，也给稻田里其他几种鸟类带来了灾难。

随着杀戮习惯的养成——铲除给我们带来烦恼或不便的生物——鸟类越来越多地成为毒药的直接受害目标，而不是出于意外。从空中喷洒对硫磷这样的毒药来"控制"农民讨厌的鸟类的做法越来越普遍。鱼类与野生动物管理局发现对这种趋势表示严重关切十分必要，他们指出："对硫磷喷洒的区域对人类、家畜和野生动物都具有潜在的危害。"例如，在印第安纳州南部，一群农民在 1959 年夏天雇了一架飞机，在河边一片低地喷洒对硫磷。而这片滩地一直是八哥喜爱的栖息地。本来换一种苞长穗深的玉米就可以轻松解决八哥吃玉米的问题，但农民们还是听信了使用毒药的好处，于是他们雇用了飞机洒药来为八哥送葬。

结果可能令农民们非常满意，因为死亡单上约有 6.5 万只红翅八哥和燕八哥。其他未被发现、没有记录的野生动物死亡数量不得而知。对硫磷不仅对燕八哥有效，它还是一种广普毒药。然而，那些在滩地闲逛的兔子、浣熊或负鼠，它们可能从未造访过玉米地，但也被冷漠的人们判了死刑。

人类的情况又是怎样呢？在加利福尼亚一个月前喷洒过对硫磷的果园里，工人们接触了喷过药的叶子后，会病倒甚至休克，经过医术精湛的高效救治才死里逃生。印第安纳州的小男孩是否还喜欢去丛林和田野里游玩，或者到河边去探险？如果是这样的话，谁来阻止那些探寻原始自然的人进来呢？谁能一直保持警惕，告诉那些无辜的游人，这里所有的植物都包裹了一层致命毒药，因而十分危险呢？尽管面临如此巨大的危险，却没有人去阻止农民对八哥发动不必要的战争。

在每一次事件中，人们都回避了一个问题：是谁做的决定引起了一连串的中毒事件，就像把一枚卵石砸进安静的池塘一样，让这轮死亡之波不断扩散？是谁在天平的一端放满了甲虫的食物——树叶，而在另一端堆满了斑斓的羽毛——来自于中毒而死的鸟儿的尸体？又是谁未与公众协商就得出结论，没有昆虫的世界才是最好的，即使世界因失去鸟儿飞翔的英姿而变得黯然失色也在所不惜呢？这是一个独裁者的决定。对于千百万人来说，美丽有序的自然具有深邃而必要的价值，独裁者只是占了无数人一时疏忽的便宜而已。

# 第九章 死亡之河

在大西洋绿色海水深处，有许多伸向岸边的幽暗路径，鱼群会沿着这些路径巡游。虽然这些小路看不见、摸不着，但是它们确实与入海的河水相连。几千年来，鲑鱼就沿着这样的淡水路径洄游，每年它们都要回到刚出生的头几个月或几年生活过的支流。1953年夏秋两季，新布伦瑞克海岸米拉米奇河的鲑鱼从觅食的大西洋回到它们的出生地。河流的上游绿树掩映、溪流汇集，清爽的小溪轻轻流淌。秋天，鲑鱼就把卵产在河床的碎石上。在这个地区，云杉、香脂树、铁杉和松树构成了巨大的针叶林区，为鲑鱼产卵提供了适宜的环境。

这种洄游模式由来已久、年年如此，使得米拉米奇河成为北美地区最负盛名的鲑鱼产地。但就在那一年，这种模式遭到了破坏。

秋冬季节，个大壳厚的鲑鱼卵静静躺在河底母鱼挖好的浅槽中。在寒冷的冬天，鱼卵发育得很慢，等到了春天，林中溪水融化之后，幼鱼才孵化出来。起初，它们只有半英寸长，藏在河底的砾石中间，不吃也不喝，靠一个大卵黄囊生存。直到卵黄囊被全部吸收，它们才开始在溪流中觅食。

1954年春天，米拉米奇河里有无数刚刚孵化的幼鱼，还有身上长着炫目条纹和红色斑点的鲑鱼，这些是一两年前孵化的。这些小鱼在小溪里贪婪地搜寻着各种稀奇古怪的昆虫。

随着夏天的来临，一切都在改变。那年，在米拉米奇西北部流域进行了一次大规模的喷药行动。前一年，加拿大政府为了治理云杉蚜虫而开展了这项计划。这种蚜虫是侵害多种常青树木的一种本地昆虫。在加拿大东部，这种昆虫每35年就会爆发一次。20世纪50年代初期就发生了一次蚜虫大爆发。为了对付它们，人们开始使用DDT，刚开始只是小规模使用，到了1953年，节奏突然加快了。在这之前，只是喷洒数千英亩的森林，如今已经变成了数百万英亩，其目的是为了拯救纸浆和造纸的主要原料——香脂树。

于是，在1954年6月，飞机造访了米拉米奇河西北流域的森林，纵横交错的白色烟雾在空中画出了一道道飞行轨迹。每英亩喷洒了0.5磅的DDT，药剂穿过香脂树，落在地上，也落在林间的河流里。飞行员一心想着完成任务，他们不曾躲避河流或在飞过溪水时关掉喷嘴。不过，只要有一丝风吹草动，雾剂就会飘散很远，即使他们这样做了，也于事无补。

喷洒药剂之后不久，就出现了不祥的预兆。仅仅在两天之内，河流沿岸的鱼儿就死伤无数，其中包括很多年幼的鲑鱼。鳟鱼也无法幸免，道路边、森林里的鸟儿也在不断死去。河流中的一切生物都沉寂了下来。在喷药之前，河里的生物多种多样，构成了鲑鱼和鳟鱼的丰盛食物，包括石蛾幼虫，它们用黏液把树叶、草梗或碎石粘在一起形成了松散的掩体；在湍急的河流中紧紧贴住岩石的石蝇幼虫；还有像蠕虫一样的黑蝇幼虫，它们在浅滩的石头上或者在溪流溢出的斜岩上缓慢移动。但是，现在溪流中的昆虫全被 DDT 杀死了，那些小鲑鱼也无处觅食了。

在这样一幅大肆破坏、无情杀戮的惨景中，果然不出所料，小鲑鱼也不能置身其外。到了 8 月，春天里孵化的小鲑鱼全都消失了。一年的繁殖化为乌有。一岁或者更大一点儿的鲑鱼，情况稍好一点儿。飞机经过时，1953 年生的正在河里觅食的每 6 条小鲑鱼中，只有 1 条幸存下来。1952 年孵化的鲑鱼，几乎已准备好前往大海，也死了三分之一。

这些事实之所以为人所知，是因为自 1950 年起，加拿大渔业研究会就开始对米拉米奇河西北流域的鲑鱼进行研究。他们每年会对河里的鲑鱼进行一次调查。生物学家做的记录包括：洄游繁殖的成年鲑鱼的数量，每个年龄段小鲑鱼的数量，以及河流中生存的鲑鱼和其他鱼类的正常数量。有了这些药物处理之前的完整记录，就可以精确计算喷药造成的损失了。

调查不仅发现了小鱼的损失，还揭示河流本身发生了巨大的变化。反复喷药已经完全改变了河流环境，作为鲑鱼和鳟鱼食物的水生昆虫几乎全部死亡。即使一次喷药，昆虫也需要很长时间才能恢复到支撑鲑鱼生存的数量——需要好几年，而不是几个月。

较小的昆虫，如摇蚊和黑蝇，恢复很快。它们是几个月大鲑鱼苗的食物。但是，较大的水生昆虫恢复就比较慢了，而第二年和第三年的鲑鱼要以这些昆虫为食。这些食物是石蛾、石蝇和蜉蝣的幼虫。即使在喷药的第二年，除了偶然发现一个小石蝇外，幼鲑很难发现其他食物了。为了增加天然食材的供给，加拿大人尝试在米拉米奇河贫瘠的水域培育石蛾幼虫和其他昆虫。但是，只要再次喷药，这些精心培育的昆虫一定会遭到清除。

出乎意料的是，蚜虫不仅没有减少，反而变本加厉了。从1955年到1957年，新布伦瑞克省与魁北克省的各个区域反复喷药，有些地方甚至喷了3次。到了1957年，已经有1500万英亩的土地喷过了药物。喷药暂停了一段时间，但是由于蚜虫的突然爆发，在1960年和1961年又各喷了一次。实际上，没有任何迹象表明喷药计划只是权宜之计（通过几年的连续喷药，避免树木脱叶死亡），所以随着喷洒的进行，副作用也在延续。为了减少鱼类的损失，在渔业研究会的建议下，加拿大林业局把DDT浓度从每英亩0.5磅降到0.25磅（在美国，每英亩1磅的致命标准仍在使用）。在对喷药效果观察了几年后，加拿大人发现了一个进退两难的情况：如果继续喷药，对于那些喜欢垂钓鲑鱼的人没有任何好处。

一系列不同寻常的事件拯救了米拉米奇河西北部的鱼类，但这样巧合的井喷事件在一个世纪之内再也不会出现了。我们有必要了解一下事情的经过和原因。

正如我们所知，在1954年，米拉米奇河西北流域已经喷洒了大量药物。此后，除了1956年在一个狭窄地带喷过药外，整个支流上游没有再喷过药。1954年秋天，一个热带风暴对米拉米奇河的鲑鱼产生了重要影响。艾德娜飓风一路北上，给新英格兰地区和加拿大海岸带来了倾盆大雨，形成的洪流裹挟着大量淡水奔流入海，吸引来了大量鲑鱼。因此，河床的砾石间出现了数目繁多的鱼卵。1955年春天在米拉米奇西北部孵化的幼鲑获得了理想的生存环境。虽然去年 DDT 杀死了所有的水生昆虫，但最小的昆虫——摇蚊和黑蝇，已经得到了恢复。它们是幼鲑的主要食物。因此，那年的鲑苗不仅有丰富的食物，而且几乎没有争食者。这是因为，较大的幼鲑已经在 1954 年被药剂毒死了。相应地，1955 年的鱼苗生长迅速，并大量存活下来。它们很快在河流中完成了发育，随后奔向大海。1959 年，大量鲑鱼返回河流，并产下了很多鱼卵。

米拉米奇西北流域状况相对较好，是因为只喷过一次药。从其他河段可以明显看出重复喷药的后果，那里的鲑鱼正急剧减少。

在喷过药的河流里，各阶段的幼鲑都很少见。据生物学家报告，鲑鱼苗经常"全军覆没"。米拉米奇河西南段在 1956 年和 1957 年都喷过药，结果 1959 年的捕鱼量是 10 年来最少的。渔民议论着洄游鲑鱼的急剧减少。在米拉米奇河口的采样处，1959 年洄游的幼鲑仅是上一年的四分之一。1959 年，米拉米奇河首次入海的两岁幼鲑仅有 60 万只，不到过去 3 年（任何一年）的三分之一。在这样的背景下，新布伦瑞克的鲑鱼业只能指望找出 DDT 的替代品了……

除了喷洒的程度和详尽的事实之外，加拿大东部的情况并不特殊。缅因州同样有云杉和香脂树林，也面临昆虫防治问题。缅因州也有鲑鱼洄游的河流——这是冰川时代的残留物，即使生物学家和环保人士想为鲑鱼保住这份残羹冷炙也是十分困难的，因为工业污染和大量原木的阻塞使河流不堪重负。尽管这里也喷了药来对付无处不在的蚜虫，但受到影响的区域却相对较小，而且也没有影响到鲑鱼产卵的主要河流。但是缅因州内陆渔猎管理局观察到的鱼类状况，可能是一个非常凶险的征兆。

该局报告说："1958 年喷药过后，在大戈达德河中立刻就发现了大量濒死的印鱼。它们表现出典型的 DDT 中毒症状：游动的姿势很奇怪，冒出水面大口喘气，不停颤抖、痉挛。喷药后的 5 天内，两张渔网发现了 668 条死亡的印鱼。在小戈达德河、卡里河、阿尔德河以及布雷克河，都发现了大量死去的鲦鱼和印鱼。经常有一些虚弱、濒死的鱼儿沿着河流向下游漂去。在一些地方，喷药一周后，还会发现变瞎的、濒死的鳟鱼顺着河水漂流。"

各种研究证实 DDT 可能导致鱼类变瞎。1957 年，一位生物学家观察了温哥华岛北部的喷药后报告说，原来很凶猛的鳟鱼，现在可以轻易地从河中徒手捞出，因为它们游动很慢，根本无力逃脱。检测发现，鳟鱼的眼睛蒙上了一层白膜，说明它们的视力已经受到了损伤或者完全瞎了。加拿大渔业局的研究显示，没有被浓度为百万分之 3 的 DDT 杀死的银鲑都出现了眼盲症状，表现为晶体混浊。凡是有森林的地方，昆虫防治的现代方法就会威胁到树荫遮蔽下的淡水鱼类。

1955 年，黄石公园内部和周围的喷药造成了美国鱼类被屠杀最著名的一个例子。那年秋天，黄石河中发现的死鱼数量之大，使渔猎爱好者和蒙大拿渔猎管理人员都感到极为震惊：约 90 英里的河流受到影响，在 300 码长的一段河岸，发现了 600 条死鱼，包括褐鳟鱼、白鱼和印鱼。鳟鱼的天然食物——水生昆虫也消失了。

林业局的官员宣布，他们是根据建议，按每英亩 1 磅 DDT 的"安全"标准执行的。但是，喷药后果说明这种建议并不可靠。

1956 年，蒙大拿渔猎局与另外两个联邦机构——鱼类与野生动物管理局和林业局，开始进行联合研究。在这一年，蒙大拿州共喷药 90 万英亩；1957 年，又处理了 80 万英亩。所以，生物学家很容易就能找到研究对象。

死亡的方式总是以一种典型的模式呈现出来：森林上空弥漫着 DDT 的气味，水面上漂着一层油膜，岸边是死去的鳟鱼。不管是活的还是死的，检测过的鱼的体内都发现了残留的 DDT。与加拿大东部的情况一样，喷药导致了生物饵料的锐减。很多地方的研究都表明，水生昆虫和其他河底生物的数量减少到了原来的十分之一。鳟鱼捕食的昆虫一旦遭到毁灭，需要很长时间才能缓过来。即使到了喷药第二年的夏末，也只有少量的水生昆虫恢复。有一条河流，其深水生物曾经异常丰富，但是现在几乎见不到昆虫了。这条河里的可供垂钓的鱼儿也减少了百分之 80。

鱼儿不一定会马上死去。实际上，死缓比立即执行后果更可怕。正如蒙大拿州的生物学家发现的，缓期死亡由于发生在鱼汛之后，所以很容易被忽略。在研究过的河流中，大量秋季繁殖的鱼类死亡，包括褐鳟鱼、河鲑和白鱼。这并不奇怪，因为无论鱼还是人，所有的生物在生理应激期间都要消耗脂肪来提供能量。这就使鱼完全暴露在其体内 DDT 的致命毒性之下。

这样，我们就可以清楚地看到，每英亩喷洒 1 磅 DDT 会对林中河流的鱼类产生严重威胁。此外，对蚜虫的控制也乏善可陈，很多地方只能重复喷药。蒙大拿渔猎局对此表达了强烈的不满，表示它不愿意仅仅"为了一项必要性和功效都值得怀疑的计划"而牺牲渔业资源。然而，该局又宣布，将继续与林业局加强合作，

"竭尽全力降低副作用"。

　　但是，这种合作真的能拯救鱼类吗？卑诗省的经验足以说明问题。黑头蚜虫在那里已经肆虐了好几年，林业局的官员担心再过一个季节，树木会因为脱叶而大量死亡，于是在1957年决定采取措施。他们与渔猎局商讨过很多次，因为他们担心洄游的鲑鱼受到伤害。森林生物分局同意在不影响其效果的前提下，对喷药计划做出调整，以减少鱼类的损失。

　　虽然采取了预防措施，也做了一番努力，但是至少有4条河流中的鲑鱼全部死亡。在其中一条河流中，4万条洄游银鲑中的幼鲑被全部毒死。几千条年幼的硬头鳟和其他种类的鳟鱼同样损失惨重。银鲑遵循着3年的生活周期，而洄游的鱼儿几乎都是同年龄段的。与其他的鲑鱼一样，银鲑有很强的洄游本能。它们只会回到自己的出生地，而不会游到别的河流中去。这就意味着，每隔3年的鲑鱼洄游几乎不复存在了，除非通过人工繁殖或其他方法才能使之恢复。

　　有一些方法，既能保护森林，又能挽救鱼类。如果再对喷洒药剂放任不管，河流就会变成死亡之地，我们就会陷入绝望，同时也把自己交给了失败主义。我们必须拓展已有的方法，必须充分利用自己的聪明才智和各种资源来发明新方法。有记录显示，天然的寄生虫病可以很好地控制蚜虫，比喷药更有效。我们应该充分利用这种自然方法。我们可以使用毒性较弱的药剂，或者利用微生物使蚜虫生病，而不会破坏森林的生态，这样也许更好。在本书的后面，我们会了解这些替代方法以及它们的功效。

　　同时，我们应该认识到，对森林中的昆虫进行化学防治，既不是唯一的，也不是最佳的方法。杀虫剂对鱼类的威胁包括三种类型。如我们所看到的，第一种是关于北部森林河流中鱼类的，它与森林喷药有关。这种威胁几乎完全是 DDT 作用的结果。第二种是那些不断蔓延、四处扩散的毒素，它会影响许多鱼类，如鲈鱼、翻车鱼、印鱼、鲑鱼以及全国各地湖泊河流里的其他鱼类。这类问题几乎与所有的农业杀虫剂有关，其中一些主要毒素很容易辨别，如异狄氏剂、毒杀芬、狄氏剂和七氯等。最后一种问题需要我们现在就开始考虑将来会发生什么，因为揭露真相的研究才刚刚起步。这类问题与盐沼、海湾、河口中的鱼类有关。

新型有机杀虫剂的广泛使用必定会对鱼类产生严重伤害。因为鱼类对氯化烃异常敏感，而现代杀虫剂大多是用氯化烃制成的。数百万有毒的化学药剂接触地表后，必然会有一部分毒素进入海陆无限循环的水中。

如今，鱼类死亡的报告十分频繁，其中有些案例中鱼类死亡率极高，简直就是一场灾难。美国公共卫生署不得不设立办事处来收集各地的报告，作为水污染的指标。这个问题也引起了很多人的关注。大约 2500 万美国人把钓鱼当作一大乐趣，另有 1500 万人也时常去一试身手。他们每年会花费 30 亿美元，用于办理执照、购买装备、露宿器材、汽油以及住宿。如果他们没法钓鱼的话，会对经济产生很大影响。商业性渔业有巨大的经济效益，更重要的是，它还是一个人类必要的食物来源。内陆和海洋渔业（除了近海捕鱼）每年捕鱼约 30 亿磅。然而，正如我们所见到的，杀虫剂侵入溪流、池塘、江河及海湾，对钓鱼休闲和商业捕鱼构成了严重威胁。

农业用药毒死鱼类的例子比比皆是。例如,在加利福尼亚州,由于用狄氏剂治理一种稻叶害虫,致使大约6万条垂钓鱼丧生,其中主要是蓝鳃太阳鱼和其他翻车鱼。在路易斯安那州,由于在甘蔗地里使用了异狄氏剂,仅在1960年就出现了30多次鱼类大量死亡的现象。在宾夕法尼亚州,为了杀死果园的老鼠,喷洒了异狄氏剂,造成了大量的鱼类死亡。西部高原使用氯丹控制蚱蜢,却毒死了河里大量的鱼。

美国南部为了控制火蚁而展开了规模宏大的喷药计划,数百万英亩的土地被喷了个严严实实,可能没有任何一个其他农业计划能与之相提并论。这次用的主要是七氯,对鱼类的毒性比DDT稍弱。另一种对付火蚁的药物——狄氏剂,会对所有的水生生物造成极大伤害,异狄氏剂和毒杀芬会给鱼类带来更大的威胁。

在火蚁防治区内,不论使用了七氯还是狄氏剂,都给水生生物带来了灾难。从一些生物学家报告的只言片语中,我们就能闻到死神的味道。得克萨斯的报告说,"尽管我们竭力保护河流,但是仍有大量水生动物死亡""死鱼……出现在所有处理过的水域""连续3周都出现了鱼类大量死亡的现象"。亚拉巴马州的报告提到,"喷药几天后,威尔考克斯郡的大部分成年鱼都死了……季节性水域和小支流里的鱼几乎灭绝了"。

路易斯安那州的渔民们纷纷抱怨水产养殖的损失。在一条运河上,在不到四分之一英里的距离内,就有500多条死鱼,它们或浮在河面,或躺在岸边。在另一个教区出现了150条死去的翻车鱼,是原来数量的四分之一。其他5种鱼几乎全部死光了。

在佛罗里达州的一个喷药区,人们在池塘里鱼的体内发现了七氯和次生化学物氧化七氯的残留。这些死亡的鱼中包括翻车鱼和鲈鱼，它们都是垂钓者喜爱的猎物，也是人们爱吃的鱼类。食品和药物管理局认为它们身体里的化学残留毒性很大，哪怕人类摄入很少的量也非常危险。

关于鱼类、青蛙以及其他水生生物的死亡报告层出不穷，因此，一个致力于研究鱼类、爬行动物和两栖动物的组织——美国鱼类学家和爬虫学家协会，于1958年通过了一项决议，呼吁美国农业部门和有关部门，"在造成无法挽回的损失之前，停止从空中喷洒七氯、狄氏剂以及其他毒药"。协会呼吁关注美国东南部的各种鱼类和其他生物，包括世界上其他地方没有的一些物种。协会警告说："很多动物只生活在很小的区域内，因而很容易灭绝。"

由于人们使用杀虫剂来对付棉花害虫，南方各州的鱼类也损失惨重。1950年夏天，亚拉巴马州北部的棉花产区就经历了一场灾难。在这之前，人们只要使用少量的有机杀虫剂就能控制象鼻虫。但是，由于一连几个冬天都很暖和，1950年滋生了大量的象鼻虫，于是，百分之80到百分之95的农民在县技术人员的催促下，使用了杀虫剂。他们普遍使用的是毒杀芬——一种对鱼类杀伤力极强的毒药。

那年夏天，雨水频繁、降水强度大。雨水把药剂冲进了河里，于是农民反复喷药。那年每英亩平均喷洒了63磅毒杀芬。有些农夫甚至在一英亩的土地上使用了200磅药剂；还有一名农夫出于满腔热情，在一英亩土地上慷慨地施用了超过0.25吨的农药。

结果可想而知。阿拉巴马棉产区的弗林特河就是一个典型的例子，在注入惠勒水库之前，它已经在棉区蜿蜒流淌了 50 英里。8 月 1 号，弗林特河流域大雨倾盆。陆地上起初是涓涓细流，然后变成湍急的小渠，最后形成汹涌的洪水涌入河中。河水上涨了 6 英寸。从第二天早晨的景象看来，除了雨水，一定还有其他东西冲入河中了。鱼儿在水面盲目地转圈，有时候它们会从水中跳到岸上，因而很容易被抓到；一个农夫捡起几条鱼，把它们放进了泉水池中，它们恢复过来了。但是，在河中整天都有死鱼顺流而下。这只是一个序曲，每次下雨都会把更多的杀虫剂冲进河里，毒死更多的鱼。8 月 10 日的那一场大雨几乎把河里的鱼都杀光了，以至于 8 月 15 日的大雨后，毒药再一次涌进河流时，此时，已经无鱼可杀了。人们把装有金鱼的笼子放入河中，得到了化学毒药的证据——金鱼在一天之内就死了。

弗林特河中死亡的鱼类包括大量的白色太阳鱼，它们是垂钓者最喜爱的一种鱼。在河水注入的惠勒水库也发现了大量死亡的鲈鱼和翻车鱼。这些水域中的无用杂鱼也惨遭毒害，包括鲤鱼、水牛鱼、石首鱼、黄鱼、鲶鱼等。这些鱼没有生病的迹象，只有濒死时反常的行为和奇怪的紫红色鱼鳃。

如果温暖而封闭的养鱼池附近使用了杀虫剂，环境对鱼类就可能变得致命。正如很多例子一样，毒素随着雨水和径流进入池塘。除此之外，有时候喷药的飞行员在经过池塘时，会忘记关掉喷粉器，药粉会直接落入池塘。其实，无须如此复杂，正常的农药用量已经远远超出鱼类的致死剂量了。或者说，即使大量减少用药，也无济于事，因为每英亩池塘超过 0.1 磅的剂量就足以造成危害。毒素一旦进入池塘，就很难清除。为了消灭银色小鱼而在池塘里撒了 DDT，经反复放干冲洗后，毒性依然强大，后来放养的翻车鱼也被毒死了百分之 94。很明显，毒素潜藏在池塘底部的淤泥里。

显然，现在的状况比起现代杀虫剂刚刚投入使用时，并没有任何起色。俄克拉荷马州野生动物保护署在 1961 年说，他们每周最少会接到一起养鱼池或者小湖泊有大量死鱼的报告，而且这样的报告还在增加。由于多年来这类情况不断上演，对于造成这种损失的原因也早已为人所熟知：农业用药，然后一场大雨来袭，毒素趁机涌进池塘。

在世界上一些地方，鱼塘的鱼是必不可少的食物来源。这些地方置鱼类的生死于不顾，任意使用杀虫剂，从而引发了很多紧急问题。例如，在德罗西亚，浓度仅为百万分之 0.04 的 DDT 杀死了浅水中的一种重要食用鱼——卡菲鱼的幼苗。即使很小剂量的其他药剂也可能是致命的。这些鱼类生活的浅水也是蚊虫繁殖的理想胜地。控制蚊虫，同时保护好中非地区重要的食用鱼资源，这个问题显然没有得到妥善解决。

在菲律宾、中国、越南、泰国、印度尼西亚以及印度，遮目鱼的养殖也面临同样的问题。遮目鱼在这些国家被养殖在沿海地区的浅水池中。成群的鱼苗会突然出现在岸边的水中（没人知道它们来自何方），人们把它们捞起来，放进养鱼池中，等它们慢慢长大。对于以大米为生的东南亚和印度人来说，这种鱼是一种重要的蛋白质来源。因此，太平洋科学会议建议在全球范围内搜寻它们的产卵地，进而实现大规模的养殖。但是，杀虫剂的使用给现有的养鱼池造成了严重的损失。在喷药飞机驶过一个有 12

万条遮目鱼的鱼塘后，尽管池塘的主人拼命往池塘里注水来稀释毒素，仍有一半多的鱼被毒死了。

1961 年，在得克萨斯州奥斯汀市下游的科罗拉多河，发生了近年来最严重的鱼类死亡事件。1 月 15 日（星期日）早晨，天刚亮，在奥斯汀新城湖湖面上和它下游约 5 英里的河面上发现了死鱼。前一天都还好好的。周一的时候，就有了很多报告，说河水下游 50 英里的地方发现了死鱼。终于真相大白了，一些有毒物质正顺着河流向下游扩散。到了 1 月 21 日，在下游 100 英里处的拉格朗吉附近有鱼类死亡。一周后，这些毒素又在奥斯汀下游 200 英里处疯狂肆虐。在 1 月的最后一周，当局关闭了沿海航道的水闸，以阻止毒素进入马塔戈达湾，并将其引入墨西哥湾中。

同时，奥斯汀的调查人员注意到一股氯丹和毒杀芬的气味。这种味道在一处排水管道附近尤其强烈。这条管道过去一直饱受工业废料的困扰，当得克萨斯渔猎委员会的官员从湖泊沿着管道探寻源头的时候，他们觉察到一种六氯化苯的味道，这种气味一直延伸到一家化工厂的支线。这家化工厂主要生产 DDT、六氯化苯、氯丹、毒杀芬以及少量其他杀虫剂。工厂负责人承认，最近大量的药粉被冲进了排水管中。更使人震惊的是，他还承认溢出的杀虫剂和农药残留在过去 10 年中一直就是这样处理的。

通过进一步调查，渔业官员发现，雨水和清洁用水也可能把其他工厂的杀虫剂冲进排水管。另一个发现补上了整个链条的最后一环：在整个水域毒性发作的前几天，为了清理残屑，整个排水系统被用几百万加仑的高压水冲洗过了。毫无疑问，这些水把寄居在砾石和细沙中的杀虫剂带到了湖泊和河流里，后来的化学实验发现了它们的藏身之地。

致命的毒素顺着科罗拉多河水漂流，死亡随之而来。湖泊下游 140 英里河段里的鱼几乎死光了，因为后来人们用大网捞了一遍，想看看有没有幸存的鱼，结果一无所获。在一英里长的河岸边，人们发现了 27 种死去的鱼，总共约为 1000 磅。其中有主要的垂钓鱼——叉尾鲶鱼；有蓝鲶鱼、扁头鲶鱼、大头鱼、翻车鱼（4种）、银鱼、鲦鱼、石磺鱼、大嘴鲈鱼、鲤鱼、胭脂鱼、印鱼；还有鳝鱼、雀鳝、河吸盘鲤、黄鱼、水牛鱼。其中一些鱼肯定是这条河里的元老，从大小就能判断出它们的年龄——很多扁头鲶鱼体重超过 25 磅，据说当地居民在河边捡到过 60 磅重的，据官方记载，有一条巨大的蓝鲶鱼重达 84 磅。

渔猎委员会估计，即使污染到此为止，这条河里鱼类的状况在很长时间内都难以得到改观。一些种类——那些只在某一区域生存的物种——可能永远都不能自行恢复，其他鱼类也只能依靠大量人工繁殖才能壮大起来。

奥斯汀市的鱼类灾难已经调查清楚了，但是事情远未结束。河水向下游行进了 200 多英里后，仍然有毒。人们认为，让这些水进入马塔戈达湾太危险了，因为那里有牡蛎和养虾场。于是，这些毒药水被引入墨西哥湾的开放水域。毒素在那里会产生什么作用？其他河流的毒素又会造成什么影响呢？

目前，关于这些问题的回答还只是猜测，但是越来越多的人开始关心杀虫剂对河口、盐沼、海湾和其他水域的影响了。这些水域不仅要容纳有毒的河水，有时为了控制蚊虫，还会遭到药剂的直接攻击。

杀虫剂对盐沼、河口以及海湾生物的影响，形象生动地通过佛罗里达州东海岸的印第安河表现出来了。1955年春天，为了消灭沙蝇幼虫，圣露西县在约2000英亩的盐沼上喷洒了狄氏剂，使用的有效成分约合每英亩1磅。它对水生生物的影响简直就像一场灾难。国家卫生委员会昆虫研究中心的科学家对喷药后的惨状进行了研究，并做了报告说，鱼类"彻底都死了"。海岸上到处都是死鱼的尸体。从空中可以看到，受到无助的、垂死的鱼的吸引，鲨鱼正在慢慢靠近。所有的鱼类都无法逃脱厄运，包括胭脂鱼、锯盖鱼、银鲈、食蚊鱼。

"印第安河岸除外，整个沼泽区被毒死的鱼至少有20吨~30吨，或者至少30种，大约117.5万条"，调查组的哈灵顿和比德林梅尔报告说。

软体动物似乎没有受到狄氏剂的影响。甲壳类生物全部灭绝了。水生螃蟹受到重创：招潮蟹几乎全部死亡，幸存的仅在漏掉喷药的小块地方苟延残喘了一阵。

较大的垂钓鱼和食用鱼最先死去……螃蟹会爬到濒死的鱼儿身上大快朵颐，第二天就会跟着死去。蜗牛继续吞食鱼的尸体。两周后，鱼的尸体就彻底消失了。

赫伯特·米尔斯博士在佛罗里达对岸的坦帕湾进行观察后，描绘了同样的悲惨画面，在包括威士忌湾在内的那一区域，奥特朋协会建立了一个鸟类保护区。具有讽刺意味的是，在当地卫生部门为了消灭盐沼蚊而喷药后，整个保护区就变成了一个避难所。

在这里，鱼类和螃蟹也是主要的受害者。招潮蟹体形较小，长着斑斓的外壳，在泥地或沙地成群爬过时，就像吃草的牛群一样对喷剂根本没有任何抵抗力。经过夏秋两季的连续喷洒（一些地区喷药多达 16 次），正如米尔斯博士总结的，"目前，招潮蟹的数量正呈现锐减的态势。在 10 月 12 日潮水和天气状况下，本应该有 10 万只蟹，但是海滩的能见范围内只发现了不到 100 只，而且都是非病即死，它们不停颤抖、抽搐，步履蹒跚，失去了爬行能力；但是附近没有喷过药的地方招潮蟹还有很多。"

招潮蟹对周围的环境至关重要，它们是众多动物的食物来源。沿海的浣熊以它们为食，长嘴秧鸡和一些岸鸟以及海鸟也会捕杀它们。在新泽西州一个喷过 DDT 的盐沼里，笑鸥的数量在几周内就减少了百分之 85，这可能是喷药之后鸟儿的食物不够了。招潮蟹在其他方面也发挥着重要作用，它们是重要的食腐动物，通过到处挖掘使沼泽的泥土透气。它们也给渔民带来了大量饵料。

招潮蟹并不是潮沼和河口地区唯一受杀虫剂威胁的生物，其他一些对人类更为重要的动物也面临着危险。切萨皮克湾和大西洋沿岸地区久负盛名的蓝蟹就是一个例子。这种蟹对杀虫剂十分敏感，所以溪流、水沟和潮沼里每喷一次药都会杀死大量的蓝蟹。挥之不去的毒素不仅毒死了本地蟹，还杀死了从海里迁徙过来的螃蟹。有时候中毒可能是间接的，跟印第安河附近沼泽地的情况一样，螃蟹吃了垂死的鱼，也很快中毒而死。

人们还不大了解龙虾受到的危害。要知道，它们与蓝蟹都属于节肢动物的同一科，有相同的生理特征，因而可能受到同样的影响。石蟹和其他对人类具有重要价值的食物——甲壳动物，也面临同样的问题。

　　近岸水域——海湾、海峡、河口、潮沼，形成了一个最重要的生态群落。这些水域与各种鱼类、软体动物以及甲壳动物都密不可分，一旦这些地方变得不适宜动物生存，这些海味将从我们的餐桌上永远消失。

　　即使广布于沿海的鱼类，其中很多也要依赖近岸水域来产卵育苗。佛罗里达西海岸较低的区域是长满红树的河流，还有运河，里面有数不清的海鲢幼鱼。在大西洋沿岸，海鳟、白花鱼、石首鱼会在岛和"堤岸"间的海湾浅滩上产卵，这条"堤岸"像一条保护链排列在纽约南部的岸边。幼鱼孵出后随着潮汐穿过海湾。在海湾和海峡里——克里塔克湾、帕姆利科湾、博格湾等，它们能找到食物，并迅速成长。没有这些温暖、安全、食物丰富的育苗场，各种鱼群是无法生存的。然而，我们却对带来杀虫剂的河水或者在沿岸沼泽地喷洒的农药熟视无睹。

　　幼鱼更容易受到农药的直接毒害。另外，虾也要依靠近海的育苗基地。这种数量丰富、分布广泛的生物支撑着大西洋南部和墨西哥湾地区的渔业。虽然虾在海中产卵，但是小虾会在几周大的时候前往河口和海湾蜕皮并不断成长。从五六月份一直到秋天，它们会待在那里，以水底的残屑为食。在整个近海生活期间，虾群的数量和捕虾活动都取决于河口的条件是否有利。

　　杀虫剂会对捕虾和虾的供应形成威胁吗？答案可能就在商业渔业局最近所做的实验中。刚过了幼年期的食用虾对杀虫剂的抵抗力非常低，大约是十亿分之1，而不是常用的百万分之1的标准。例如，在一次实验中，浓度仅为十亿分之15的狄氏剂毒死了一半的虾。其他化学药剂毒性更强。各种化学药剂中一种毒性最强的异狄氏剂，浓度仅为十亿分之 0.5，就杀死了一半的虾。

牡蛎和蛤蜊受到的威胁更加严重，同样也是幼体最易中毒。这些甲壳动物生活在从新英格兰到得克萨斯州的海湾、海峡和感潮河的底部，以及太平洋海岸的荫蔽区域。虽然成年甲壳动物不再迁徙，但是它们会把卵产在海洋中，在那里幼体几周内就可以自由活动了。夏季的一天，一条船如果拖着一张细孔的拖网，会捕捉到各种浮游生物，其中就夹杂着极其细小、脆如玻璃的牡蛎和蛤蜊幼苗。这些透明的幼苗还不如一粒灰尘大，成群在水面游动，以微生物为食。如果海洋中的微生物消失了，它们就会饿死。然而，杀虫剂恰恰可以杀死大量的浮游生物。一些用于草坪、耕地、路边，甚至是海岸沼泽的除草剂对浮游植物伤害极大，一些只需十亿分之几就足以产生巨大影响。

脆弱的幼苗也会被极少量的杀虫剂杀死。即使接触了少于致命的剂量，幼虫最终也会死亡，因为毒素延缓了它们的发育。这意味着它们必须在危险的浮游生物中生活更久，减少了成长的机会。

对于成年软体动物而言，直接中毒的危险较小，至少对某些杀虫剂是这样的。但是，这并不意味着它们可以高枕无忧了。毒素会在牡蛎和蛤蜊的消化器官和身体组织中不断积蓄。人们吃这两种食物时，经常全部吞下，有时还会生吃。商业渔业局的菲利普·巴特勒博士指出，我们的境地可能与知更鸟一样可怜。他提醒说，知更鸟不是因为直接接触 DDT 死亡，而是吃了有杀虫剂的蚯蚓才丧命的。

虽然昆虫防治直接造成河流或者池塘的鱼类和甲壳动物突然死亡的后果足以使人震惊，但是随着河流、小溪进入河口的杀虫剂造成的神秘莫测、难以估量的影响将会带来更大的灾难。整个事件充满了各种谜题，目前尚未形成令人满意的答案。我们知道，农田和森林的杀虫剂通过河流进入海洋。但是，我们并不知晓它们的种类有多少，数量有多大。一旦毒素进入海洋就会高度稀释，目前我们还没有可靠的方法在这种状态下检测它们的种类。虽然我们知道化学品在漫长的旅途中肯定发生了变化，但是我们并不知道它们毒性变强了，还是减弱了。另一个有待探索的就是化学品之间的反应，当它们进入各种矿物质激荡混杂的海洋时，这一问题显得尤为紧迫。所有这些问题都急需通过全面的研究找出准确的答案，然而这方面的研究经费却少得可怜。

淡水和海洋渔业关乎许多人的利益和福祉，其重要性不言而喻。毫无疑问，现在它们受到了水体中化学品的严重威胁。如果能从每年研究强毒药剂的经费中拿出一小部分，用于建设性的研究，我们就能较少地使用这些毒剂，并使河流免受其害。公众什么时候会认清事实，主动要求这样做呢？

# 第十章　祸从天降

　　起初，在农田和森林上空的喷药范围很小，但后来一直在扩大，用药量也一直在增加，所以一位英国生物学家把这种喷药称为"死亡之雨"。我们对毒素的态度已经发生了微妙的变化。这些化学品曾经装在印有骷髅标志的容器里，也会注明它们仅限于敌害目标，严禁滥用。随着新型有机杀虫剂的问世，加上第二次世界大战后飞机过剩，这些原则都被抛到了九霄云外。虽然现在的化学品比以往的更加危险，使人不解的是，人们却肆无忌惮地把它们从空中洒下来。在化学药剂覆盖的地方，不仅目标虫害或植物，还包括各种生物——人和其他生物，都会尝到毒药的恶果。人们不仅给森林和耕地喷药，大城小市也被镀了一层药膜。

　　现在已经有很多人开始对大规模的空中喷药产生了担忧，20世纪50年代末的两场大规模喷药行动加重了人们的疑虑，这两次行动分别针对东北部各州的舞毒蛾和南部的火蚁。这两种昆虫都不是本地物种，但已在美国生存多年，并没有造成多大危害，所以没有必要采用极端措施。然而，在农业昆虫防治部门"为达目的不择手段"的指导方针下，人类还是对它们展开了猛烈的攻击。

消灭舞毒蛾的行动表明，当轻率的、大规模的行动纲领取代了局部的、有节制的防治计划后，会造成多么大的损失。针对火蚁的行动就是一个小题大做的典型：在完全不知道灭虫所需剂量，也没弄清其他生命可能受何影响的情况下，就鲁莽行动。结果，两次行动均以失败告终。

舞毒蛾本来在欧洲生活，进入美国已经有将近 100 年的时间了。1869 年，一位法国科学家奥博德·特罗威特在马萨诸塞州梅德福市的实验室里不小心把几只蛾放了出去，当时他正尝试将舞毒蛾与家蚕杂交。舞毒蛾渐渐地在新英格兰地区扩散开来。其首要因素是风——舞毒蛾幼虫非常轻，可以被吹到很远的地方。另一种方式是植物的传送，它们携带大量过冬的虫卵。每年春天，舞毒蛾毛虫都会连续好几个星期持续破坏橡树和其他硬木的叶子，如今它们已经遍布所有的新英格兰地区。新泽西也零星出现了舞毒蛾的踪迹，1911 年一批从荷兰运来的云杉树把它们带了进来。目前还尚未得知它们是怎样进入密歇根州的。1938 年，新英格兰的飓风把舞毒蛾吹到了宾夕法尼亚和纽约州。不过，阿迪克朗达克山充当了它们的天然屏障，阻挡了它们西行的脚步，因为那里长的树木不合它们的胃口。

人们已经用尽了各种方法，把它们限制在美国东北一角，而且自美国出现舞毒蛾之后的近 100 年里，并没有证据显示它们入侵了阿巴拉契亚山脉的硬木林，这样的担忧也是多余的。从国外引进的 13 种寄生虫和捕食性昆虫在新英格兰地区已经蓬勃发展起来了。农业部也认可了引进计划的效果，认为它们降低了舞毒蛾泛滥的频率和危害。这种自然控制外加检疫和局部喷药的方法取得了良好的成效。1955 年，农业部称这些措施"出色地限制了舞毒蛾的扩散和危害"。

然而，就在表态一年后，农业部植物虫害防治部门就开展了一项新计划，扬言要彻底"铲除"舞毒蛾，每年要给几百万英亩的土地喷药（"铲除"的意思是使一个物种在某个地方完全灭绝。由于几次计划相继失败，农业部不得不再三用到"铲除"这个词）。

农业部开展了全力以赴、规模宏大的化学战。1956 年，宾夕法尼亚、新泽西、密歇根和纽约共有将近 100 万英亩土地进行了喷药处理。这些地区的人们纷纷抱怨喷药造成的损害。随着大规模喷药模式的确立，环保人士越发担忧。1957 年，当农业部宣布要对 300 万英亩的土地进行化学处理后，反对的声音更强烈了。面对人们的抱怨，州政府和联邦的农业部官员总是耸耸肩，认为这事根本不值得大惊小怪。

1957 年，长岛被划入喷药范围，这里包括人口稠密的城镇和郊区，还有一些与盐沼毗邻的海岸地区。长岛纳苏郡是除了纽约市外这个州人口最多的地区。"纽约市已经被舞毒蛾侵袭"，这一说法被拿来作为喷药的论据，真是荒谬到了极点。因为舞毒蛾是一种森林昆虫，不会生活在城市，也不会在牧场、耕地、花园或沼泽中生存。然而，1957 年，由美国农业部和纽约农业与商业部雇用的飞机还是把 DDT 不偏不倚地洒了下来。蔬菜园、奶牛场、鱼塘、盐沼都被喷了药。飞机飞到郊区时，一名家庭主妇正急着把自家的花园遮上，而她的衣服被药剂淋湿了，杀虫剂还洒向正在玩耍的孩子们和火车站的上班人群。在希托基特，一匹优良的夸特马正在水槽边喝水，结果被飞机喷了个正着，10个小时后就死了。汽车上被喷得油渍斑斑，花儿和灌丛也遭到毁灭。鸟、鱼、蟹以及很多益虫被通通杀死。

一群长岛市民在世界著名鸟类学家罗伯特·库什曼·墨菲的带领下，上诉法院，要求阻止喷药计划。最初上诉被驳回后，无奈的市民只能承受漫天飞舞的DDT药剂，但是他们坚持上诉，要求实行永久禁令。然而，由于判决已经执行，法院判定市民的请求"毫无意义"。这件案子一直上诉到最高法院，却被拒绝审理。威廉姆·道格拉斯法官对法院拒绝复审的决定表示了强烈不满，他表示："许多专家和官员提出的DDT危害，足以说明这一案件对民众的重要性。"

长岛市民提出的诉讼至少使公众开始关注大规模使用杀虫剂的问题，并注意到了公民的个人财产遭受侵犯的倾向。

对很多人而言，消灭舞毒蛾使牛奶和农产品受到污染是一个不幸的意外事件。纽约州维斯切斯特郡北部200英亩的沃勒农场发生的事就是其中一例。沃勒夫人曾特别叮嘱农业官员不要在她家的农场喷药，但是森林喷药根本不可能避开她的农场。她提出，可以对农场进行检查，如果发现舞毒蛾，可以有针对性地对某些区域进行喷洒。虽然官员们向她保证不会喷到农场，但她的农场还是被直接喷洒了两次，还有两次被附近飘来的药剂侵袭。48小时后，沃勒农场格恩西纯种奶牛的牛奶样品中检测出DDT浓度为百万分之14。野外的草料也受到了污染。尽管当地卫生部门知道了事情的经过，并没有禁止牛奶的销售。这只是消费者缺少保护的一个典型案例，而类似的情况不胜枚举。虽然食品和药物管理局禁止含有残留杀虫剂的牛奶出售，但该禁令并没有得到认真执行，而且禁令只适用于州际交易。州内以及郡县没有必要遵守联邦杀虫剂的规定，除非联邦法律与当地法律一致，但是这种可能性微乎其微。

商品蔬菜园同样损失惨重，一些蔬菜的叶子上满是窟窿和斑点，因而难以出售。其他蔬菜都有严重的农药残留——康奈尔大学农业实验中心在一个豌豆样品中发现了DDT浓度为百万分之14到百万分之22，而法律规定浓度最高为百万分之7。因此，菜农都蒙受了巨额损失或者卖出了带有农药残留的农产品。一些人因此申请到了赔偿。

随着空中喷洒DDT的事件逐渐增多，法院接到的诉讼也不断增加，其中有一些是来自纽约州的养蜂户。在1957年之前，果园喷洒的DDT就已经给他们造成了巨大损失。一位养蜂户痛苦地说："在1953年前，我会把国家农业部和农学院的每个政策当作真理。"但是，1953年5月，州政府对一大片区域喷药后，他损失了800个蜂群。人们承受损失的涉及面广、后果严重，所以另外14个养蜂户和他一起状告州政府，要求赔偿25万美元的损失。另一位失去了400个蜂群的人说，一片森林区的工蜂（外出采蜜并传授花粉）一个不剩了，在另一片喷药较轻的农场，百分之50的工蜂被毒死了。他写道："5月份的时候走进院子里，却听不到嗡嗡的蜜蜂叫，真是让人难受死了。"

消灭舞毒蛾的计划中充斥着各种不负责任的行为。由于喷药佣金结算不是根据喷洒的面积，而是根据施用的药量，所以飞行员们没有必要那么小气，很多地方被喷了不止一次。空中作业合同常常被州外的公司拿下，他们并没有在州政府注册，因此也没有明确的法律责任。在这种状况下，蒙受损失的人们无可奈何，不知道到底应该告谁。

经过1957年的灾难后，政府突然缩减了喷药计划支出并发表了含糊的声明，称要"评估"过去的工作，并测试其他杀虫剂。1957年的喷药面积为350万英亩；1958年为50万英亩；1959年到1961年，又降到了10万英亩。在此期间，昆虫防治部门一定会因为长岛的事情感到颇为尴尬。舞毒蛾卷土重来，而且数量惊人。昂贵的喷药计划本打算铲除它们，最后却适得其反，也使农业部失去了公众信任和良好信誉。

这时，农业部病虫害防治人员暂时把舞毒蛾抛在了脑后，转而在南部开展了另一项更宏大的计划，这一次他们雄心勃勃。"铲除"又一次轻松地出现在农业部的文件中——这一次，他们承诺要彻底消灭火蚁。

火蚁，因其火红的毛刺而得名，从南美经亚拉巴马州莫比尔港进入美国。第一次世界大战后不久，莫比尔港就发现了火蚁。到了1928年，火蚁已经扩散到了莫比尔郊区，然后继续蔓延，如今已经进入了南部大多数州郡。

自进入美国40多年来，火蚁好像从未引起人们的注意。只有在火蚁最多的州，人们才有点儿讨厌它们，这是因为它们会筑起一英尺多高的巢穴。这些巢穴会影响农机作业。只有两个州把它们列入了害虫名单，但都在名单底部。政府和个人都似乎觉得火蚁不会构成什么威胁。

随着具有强大杀伤力的化学药剂研制出来，官方对火蚁的态度突然转变了。1957 年，美国农业部发动了历史上最引人瞩目的宣传活动。官方媒体、电影镜头、政府报告都大肆宣扬火蚁杀死了南部的鸟类、牲畜和人类，把它们描绘成了掠夺者。人类开始了声势浩大的行动，联邦政府将与深受其害的南方 9 州联合，对约 2000 万英亩土地进行处理。1958 年，消灭火蚁的计划正紧锣密鼓开展的时候，一家商业杂志兴奋地报道说："随着农业部开展的大规模害虫清理计划逐步实施，美国杀虫剂生产商将经历一次销售热潮。"

除了"销售热潮"的直接受益人外，这项计划被千夫所指，较之以往任何计划所受到的责难都有过之而无不及。这是一次想法拙劣、执行力差、有百害而无一利的惊世骇俗之举，其结果是劳民伤财、残害生命，还使农业部失去了公众的信任。然而，令人不解的是，竟然还有源源不断的资金投入进来。

一些被人嗤之以鼻的说辞，起初却赢得了国会的支持。他们称火蚁会破坏农作物，攻击地面上孵化的幼鸟，进而对南部农业构成严重威胁。还有人说，它们的刺会伤害人类。

这些说法合理吗？想得到拨款的农业部观察员所做的声明与农业部的重要文件的内容并不一致。1957 年的公报《控制昆虫、保护庄稼和牲畜——杀虫剂推荐品牌》中并没有提到火蚁。如果这份公报确实是农业部出的，这个"遗漏"简直不可思议。此外，1952 年农业部出版的《昆虫百科年鉴》，洋洋洒洒地写了 50 万字，却只有一小段提到了火蚁。

针对农业部所称火蚁毁坏庄稼、攻击牲畜的无端指责，亚拉巴马州农业实验中心经过仔细研究得出了相反的结论，而这里的人对火蚁再熟悉不过了。据亚拉巴马的科学家说："很少见到火蚁毁坏植物。"艾伦特博士是亚拉巴马州工学院的昆虫学家，他在1961年开始担任美国昆虫协会主席，"在过去5年没有收到一个火蚁破坏植物的报告……也没有发现牲畜受到伤害"。这些专家通过实地观察和实验室研究得出结论，火蚁主要以其他昆虫为食，其中很多对人类来说是害虫。有人观察到，火蚁会吃掉棉花上的象鼻幼虫。它们堆土筑巢的行为也会使土壤空气畅通，有利于排水渗透。密西西比州立大学所做的调查有力地支持了亚拉巴马州的研究结论，而且远比农业部的证据更令人信服，因为后者仅仅根据以往经验或对农民的访问而得出结论，而农民经常把不同种类的蚂蚁搞混。一些昆虫学家认为，随着火蚁数量的增加，其生活习性也有所改变，因此几十年前的观察结果几乎没有任何价值可言。

同样，火蚁威胁人类健康和生命的观点也是杜撰的。在一部农业部赞助的宣传电影中（旨在为喷药计划争取支持），围绕火蚁的刺炮制了很多恐怖的镜头。诚然，被火蚁刺到很疼，就像当心黄蜂和蜜蜂一样，人们经常被提醒尽量不要被刺到。个别敏感的人偶尔会发生严重反应，医学文献中记载了可能是由火蚁毒液引起的一起死亡案例，但是并未得到证实。相比较而言，人口统计局仅在1959年一年，就记录了33人因被蜜蜂和黄蜂蜇到而死亡，但是，并没有人建议要"清除"这些昆虫。

当地的证据仍是最具说服力的。虽然火蚁已经在亚拉巴马州生存了40多年，而且数量最多，但是当地卫生官员称："从没有人类因为被火蚁叮咬而死的记录。"他认为，火蚁叮咬引起的病例也是"偶然"的。火蚁在草坪或者操场筑巢，孩子们可能被叮，但这绝不是给数百万英亩土地喷药的理由。针对性地处理一些巢穴就可以轻而易举地解决问题。

　　危害鸟类的言论也是毫无根据的。亚拉巴马州奥本市野生动物研究中心主任莫里斯·贝克博士在这方面最具发言权，他在这一地区工作多年，经验丰富。贝克博士的观点与农业部的看法截然相反。他说："在亚拉巴马南部和佛罗里达西北部，我们可以见到很多鸟，而且美洲鹑能与大量的火蚁共存……自亚拉巴马南部有了火蚁40年来，鸟的数量稳定增长。如果火蚁严重危害野生动物的话，这样的事是不会发生的。"

　　用来对付火蚁的杀虫剂会对野生动物造成什么影响则是另一个问题。这次行动使用的化学品为狄氏剂和七氯，都是新型化学药剂。这两种农药没有在野外使用过，更没有人知道大规模喷洒会对鸟类、鱼类以及哺乳动物产生什么影响。当时了解到的信息就是两种药剂的毒性都比DDT强很多倍，而那时，DDT已经使用了将近10年，每英亩一磅的剂量已经毒死了一些鸟类和很多鱼类。但是狄氏剂和七氯的用药量更重，大部分情况下为每英亩2磅，如果恰好有白缘甲虫的话，狄氏剂的施用剂量则是3磅。毒性对于鸟类来说，七氯的规定剂量相当于每英亩20磅的DDT，而狄氏剂则相当于每英亩120磅的DDT！

　　大多数州环保部门、国家环保机构、生态学者以及一些昆虫学家都发出了紧急抗议，要求时任农业部长伊拉斯·本森推迟计划，至少要等搞清七氯和狄氏剂对野生动物和家畜的影响，并掌握了控制火蚁所需的最小剂量。有关部门完全无视这些抗议，喷药计划于 1958 年如期开展。第一年，就有 100 万英亩土地受到处理。很明显，此时任何研究都成了马后炮。

随着喷药行动的继续，州和联邦的野生动物机构的生物学家以及一些大学所做的研究逐渐揭示出了真相。根据研究结果，在某些喷药区域，野生动物均受到了不同程度的影响，有的甚至灭绝了。很多家禽、牲畜和宠物也被杀死了。农业部以伤亡报告"夸大"和"误导"为由，对于造成的损失视而不见、充耳不闻。

然而，真相还是逐渐浮出水面。例如，在得克萨斯州哈丁郡，喷药过后，负鼠、犰狳以及大量浣熊几乎全部消失。即使在喷药过后的第二年秋天，这些动物也难以见到。发现的几只浣熊体内也检测出了化学物质残留。

喷药地区的死鸟一定吸收或吃了对付火蚁的药剂，对鸟类身体组织的化学分析也证实了这个事实（唯一幸存的是麻雀，其他地区的情况也证明它们免疫力较强）。在 1959 年喷过药的亚拉巴马州的一片土地上，一半的鸟儿被杀死了。在地面活动或经常在低矮植被间活动的鸟类全部死亡。即使在喷药一年后，春天还是有鸣禽死亡，很多适合筑巢的地区都异常安静。在得克萨斯州，鸟巢里发现了死去的燕八哥、美洲雀和草地鹨，很多鸟巢都荒废着。得克萨斯州、路易斯安那州、亚拉巴马州、乔治亚州和佛罗里达州发现的死鸟送到鱼类和野生动物管理局分析后，发现有百分之90 的鸟类体内含有狄氏剂或七氯残留，浓度高达百万分之 38。

北方繁殖的丘鹬会在路易斯安那过冬，如今它们体内已经发现了用于火蚁的化学残留。原因非常明显，丘鹬一般用长长的喙找食吃，主要以蚯蚓为食。喷药 6~10 个月后，路易斯安那幸存的蚯蚓体内发现七氯的浓度高达百万分之 20。一年之后，其浓度残留仍有百万分之 10。丘鹬中毒的后果可以在喷药 4 个月后幼鸟和成鸟的比例中看出一些端倪。

北美鹑的情况最令南方狩猎者苦恼。在喷过药的地方，在这里筑巢觅食的鸟儿几乎灭绝。例如，亚拉巴马州的野生动物联合研究中心的生物学家对预定喷药的 3600 英亩土地上的鹌鹑做了初步统计，发现该地区生活着 13 个鸟群，共 121 只鹌鹑。喷药两周后，这里只发现了死去的鹌鹑。所有被送到鱼类和野生动物管理局的鹌鹑样本的体内都检测出了致死剂量的杀虫剂。得克萨斯州发生的悲剧就是这里的翻版，在一片 2500 英亩的土地被喷药处理后，所有的鹌鹑都死了。而且，除了鹌鹑外，90% 的鸣禽也死于非命。它们的体内都检测出有七氯残留。

除了鹌鹑之外，野火鸡的数量也因灭蚁计划严重萎缩。在喷洒七氯之前，亚拉巴马州威尔考克斯郡有 80 只野火鸡，但是喷药之后的那年夏天，一只也找不到了——一只也没有，只剩下一窝未孵化的蛋和一只死了的雏鸡。野火鸡与家养火鸡的命运一样，在喷药地区的农场里，火鸡下蛋很少。只有极少的蛋可以孵化，但是几乎没有小鸡存活。附近未喷药的地区没有出现这种情况。

火鸡的命运绝不是个案。国内家喻户晓、备受尊敬的野生动物学家克莱伦斯·科塔姆博士走访了一些农户。农民们反映，喷过药后，所有的小鸟都消失了。除此之外，很多人报告说，自己的牲畜、家禽和宠物也死了。科塔姆博士说："有个人对喷药人员特别气愤。据他反映，他把自家 19 头中毒而死的奶牛埋了或者用其他方式处理掉了。他还知道，另外四五头牛也是中毒死的。那些出生后只会吃奶的小牛犊也死了。"

科塔姆走访过的人们，都为接下来几个月内发生的事情困惑不已。一名妇女告诉他，在喷药后，她养了几只母鸡，"但是莫名其妙的是，没有小鸡孵出来或者存活下来。"另一名农夫养了一些猪，"喷药9个月后，都没有猪仔出生。小猪仔要么一生下就是死的，要么出生后就死了。"另一名养殖户也报告说，本来预计有250头猪仔，结果只生了37头，而且仅有31只活了下来。另外，喷药之后，他再也养不起鸡来了。

农业部一直在否认牲畜损失与灭蚁计划有关。佐治亚州班布里奇的一名兽医奥迪斯·波伊特文博士曾被请去医治中毒的动物，由此他认为是杀虫剂造成了动物的死亡。他的理由总结如下：喷药两周或几个月内，牛、羊、马、鸡、鸟以及其他野生动物都患上了一种致命的神经系统疾病。然而，这种病只出现在接触了有毒的食物或水源的动物身上，圈养的动物并没有受到影响。波伊特文博士以及其他兽医观察到的现象，与权威资料中所述狄氏剂或七氯中毒的症状完全一样。

波伊特文博士还描述了一个两个月大的牛犊因七氯中毒的情节。在对牛犊进行了彻底的检查后，发现其脂肪内存在浓度为百万分之79的七氯。但是，此时喷药结束已经5个月了。牛犊是吃草中毒，还是喝奶中毒，或者在胚胎里已经中毒了呢？波伊特文博士接着问道："如果是喝奶中毒的话，为什么没有采取预防措施保护孩子们？他们喝的都是当地的牛奶啊！"

他的报告提出了牛奶污染这一重要议题。灭蚁计划的主要地区是田野和庄稼地。在这些地方吃草的奶牛状况如何呢？喷药地区的草上一定会有某种形式的七氯残留，如果牛吃了这些草，毒素一定会进入牛奶中。1955年，在防治计划实行很早之前，早就有实验证明七氯可以直接侵入牛奶，后来狄氏剂的实验结果也一样，这两种药都在灭蚁计划中派上了用场。

如今，农业部的年刊已经把七氯和狄氏剂列入了一个不适于产奶和肉食动物饲料用药的化学品名单。但是，防治部门还是在大片的牧区喷洒了这两种药剂。谁敢向消费者保证牛奶里不会有狄氏剂或七氯的残留呢？农业部门一定会说，他们已经建议农民把奶牛赶出喷药区30~90天了。考虑到很多农场都很小，而防治规模又如此之大——大多使用飞机作业——这种建议是否得到遵守或者可行都十分可疑。即使从药物残留的持久性来看，建议的隔离时间也远远不够。

虽然食品和药物管理局对牛奶中出现农药残留十分不满，但他们的权力很有限。在防治计划内的大部分州，乳制品行业规模都很小，他们的产品一般都会在州内销售。因此，保护牛奶供应不受联邦喷药计划的影响就成为州政府的责任了。1959年对亚拉巴马州、路易斯安那州以及得克萨斯州的卫生官员或有关人员所做的调查表明，他们并没有进行任何检测，因此牛奶是否受到污染也不得而知。

与此同时，在灭蚁计划推行后，针对七氯的特性人们进行了一些研究。或者更确切地说，是有人查阅了之前的研究。其实，促使联邦政府亡羊补牢的事实早在几年前便发现了，原本是可以影响到最初的防控计划的。这就是七氯在动植物组织或土壤中滞留一段时间后，会转变为另一种毒性更强的物质——环氧七氯。环氧化物一般是由风化作用产生的"氧化物"。自 1952 年起，人们就知道这种转化的可能，当时食品和药物管理局发现，喂食雌鼠浓度为百万分之 30 的七氯两周后，其体内会产生百万分之 165 的环氧七氯。

1959 年，这些真相终于从生物学阴暗的角落里走向了大众。当时，食品和药物管理局果断采取了禁止任何食品含有七氯或其氧化物残留的措施。这一法令至少暂时阻止了喷药计划。虽然农业部要求继续为灭蚁计划拨款，但是地方农业顾问不再建议农民使用杀虫剂，否则的话，他们的农作物可能无法出售。

简单说来，农业部根本没有对所使用的农药做基本的调查就力推喷药计划，或者即使调查了，也有意忽视调查结果。他们也没有提前做研究来确定最小剂量。大剂量喷药三年后，他们突然在 1959 年把七氯的剂量从每英亩 2 磅降至 1.25 磅；之后又降到每英亩 0.5 磅；在间隔 3~6 个月的两次喷药中均降到了每英亩 0.25 磅。农业部的一名官员解释道，"一项积极的改进计划"显示小剂量使用是有效的。如果在喷药之前就获悉这样的信息，可以避免大量不必要的损失，也可以节省纳税人的大笔资金。

可能是为了平息越来越多的不满，从 1959 年开始，农业部为得克萨斯农场主免费提供药剂，但是要求农场主签一份声明：如果造成损失，不会追究联邦、州和当地政府的责任。同一年，亚拉巴马州政府为化学品带来的损失深感震惊和愤怒，决定不再为这项计划拨款。一名当地官员将整个计划描述为"愚蠢、草率、拙劣的行动，而且这种恣意妄为是对其他公共和个人权利的公然践踏"。虽然失去了州政府的财政支持，联邦资金仍源源不断地流入亚拉巴马州——1961 年，立法机构又被说服，拨了一小笔资金。与此同时，路易斯安那州的农民不愿意再接受喷药计划了，因为灭蚁药剂引发了危害甘蔗的昆虫的大量繁殖。更关键的是，喷药计划没有任何效果。1962 年春天，路易斯安那州立大学农业实验室中心昆虫研究室纽森博士对这种惨淡场景做了简要概括："州和联邦机构联合展开的'铲除'火蚁计划是一次彻底的失败。现在，路易斯安那州的虫害面积反而比计划之前扩大了。"

一种更理智、稳妥的趋势似乎已经形成。佛罗里达州政府报告说："如今佛罗里达州的火蚁比计划开始前还要多。"因而，他们宣布放弃防治计划，转而采取小范围控制措施。

廉价有效的局部控制方法多年来早已为人们所熟知。火蚁有堆土筑巢的习惯，使得对单个巢穴处理起来特别容易。用这种方法处理每英亩土地仅需 1 美元。密西西比农业实验室中心研制出一种耕田机，它可以先推平巢穴，然后往里面直接注入杀虫剂，它为蚁堆较多、需要机械作业的地区提供了便利。这种方法可以实现百分之 90 到百分之 95 的控制率，每英亩的成本仅为 0.23 美元。相比之下，农业部大规模的防治计划每英亩的成本是 3.5 美元——费用最高、损失最大，效果还奇差无比。

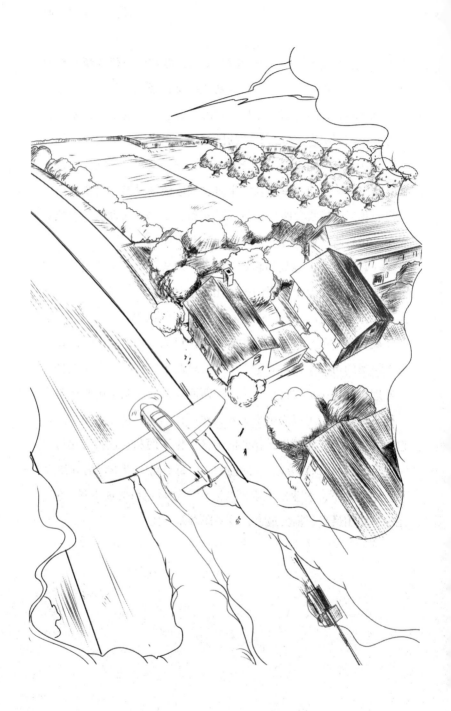

# 第十一章 超乎想象的后果

　　地球环境受到污染不仅仅是大规模喷药问题导致的。事实上，对大多数人而言，日复一日、年复一年，与无数小剂量药剂的直接接触更令人担忧。就像水滴石穿一样，人从生到死的过程中持续与化学品接触将导致灾难性的后果。反复接触化学药剂，即使很轻微，也会让化学毒素在我们体内逐渐积累，导致慢性中毒。没人能避免与不断扩散的化学污染接触，除非他生活在与世隔绝的地方。普通市民受了商家的引导和鼓惑，不会觉察到身边的致命物质：实际上，他们可能不知道自己正在使用这些东西。

　　毒药时代已经彻底到来，任何人进入一家商店，随便挑选一些东西，它们所具有的毒性都比药店的药品强，只不过在药店还需要在"登记表"上签字。在任何一家超市调查几分钟，足以令最勇敢的顾客胆寒——只要他具备一些所选化学品的基本知识。

　　如果杀虫剂上方挂一个骷髅图案，顾客进入商店的时候就会小心一点儿。但是，我们所见到的画面是令人舒适愉快的，一排排杀虫剂整齐地摆放在货架上，在过道另一侧的货架上就放着腌菜和橄榄，附近还摆放着洗澡和洗衣服用的肥皂。盛放化学药剂的玻璃容器很容易被小孩够到。如果孩子或者大人不小心把容器碰到了地上，农药可能溅到附近人的身上引起中毒，就跟喷药作业人员一样会发生抽搐甚至死亡。这些危险还会跟随顾客进入其家中。比如，一小罐防蛀材料上会用极小的字体来印刷警告，说明本产品高压填装，加热或遇到明火可能会引起爆炸。有一种普通的家用杀虫剂（包括各种厨房用途在内）叫作氯丹。然而，食品和药物管理局的首席药物学家宣布，在喷洒了氯丹的屋子里居住是"非常危险的"。而其他一些家用化学制剂中含有毒性更强的狄氏剂。

厨房中化学制剂的使用很吸引人，也很方便：厨房架子有白色的，也有其他颜色可供挑选；这种纸可能已经用杀虫剂浸染过了，而且是正反面都染过；生产厂家会为我们提供自助手册，以指导我们如何灭虫；我们可以轻而易举地把狄氏剂喷到够不着的柜橱、房间和脚板的角落和缝隙中去。

如果我们被蚊子、沙螨或其他害虫困扰，可以选择各种乳液、护肤霜和喷剂，洒在衣服上或者涂在身上。尽管我们已经获知或被警示这些物质可以溶于清漆、油漆和混合纤维中，我们很可能会想当然地认为人类的皮肤就像铜墙铁壁，是无法渗透的。为了让我们灭虫更加方便，纽约一家专营店推出了一种袖珍喷雾器，可以放在钱包、沙滩盒、高尔夫球具和渔具里。

我们可以在地板上涂上一种蜡，保证能杀死所有路过的昆虫。我们还可以在柜橱和衣服袋里挂上浸过林丹的布条，或者把布条放进抽屉里，半年之内不会有蛀虫。而广告里没有提到林丹是一种危险的化学品。一种林丹电子喷雾剂也没有说明它的毒性——

仅说这种设备安全、无异味。实际上，美国医学会认为林丹加湿器是一种危险设备，并在他们的刊物上发起了抗议。

农业部在一份家居与园艺刊物上建议人们使用DDT、狄氏剂、氯丹或其他杀虫剂处理衣物。农业部声称，如果喷洒过度，在衣物上留下白色杀虫剂沉淀的话，可以用刷子刷掉它，却没有告诉我们应该在什么地方刷和怎样刷。做完所有的事，我们抱着杀虫剂结束了一天的生活，因为我们盖的毛毯也用狄氏剂浸染过。

现在，园艺也与超级毒药密不可分了。在每个五金店、园艺用品店和超市都有成排的杀虫剂出售，可满足各种园艺之需。还没有充分利用这些药剂的人们好像有点儿跟不上形势了，因为所有的报纸的园艺版面和大部分园艺杂志都认为使用这些药剂是理所当然的。

快速致死的有机磷杀虫剂也被广泛应用于草坪和观赏植物。1960年，佛罗里达州健康委员会认为，有必要禁止没有获得许可的任何人在住宅区使用杀虫剂。在发布禁令之前，佛罗里达州已经出现了一些因硫磷中毒致死的案例。

然而，没有人提醒园艺工人和房主，他们正在使用极其危险的化学品。相反，市场上接二连三地出现了很多新设备，使得在草坪和花园里喷洒药剂更便捷，同时也增加了园艺工人跟化学品接触的概率。比如，人们可以在塑料软管上外加一个罐装设备，对氯丹或狄氏剂等这样的危险化学品就可以像洒水一样喷到草坪上。这样的设备不仅会危害拿着管子的人，还会危及他人。《纽约时报》认为有必要在其园艺版面上刊登一个注意事项，以提醒人们使用保护装置，否则毒素会因为反虹吸作用进入供水系统。

鉴于喷药设备的广泛使用，而相应的警示又是如此匮乏，我们还有必要对公共水源的污染感到不解吗？

为了了解园艺工身上会发生什么事情，我们来看一下一个医生——一个热情的业余园艺师的例子。起初，他在自家的灌木和草坪上使用 DDT，后来使用了马拉硫磷，而且每周都要喷药。有时候，他会手持喷壶，有时候在塑料管上加上一个设备。他的皮肤和衣服上总是沾满药剂，浑身湿漉漉的。就这样，大约一年后，他突然病倒并住院了。医生检查了他的脂肪活体样本后，发现了百万分之 23 的 DDT 残留。他的神经严重受损，主治医生说可能是永久性的伤害。随着时间的推移，他变得瘦骨嶙峋、疲惫不堪、肌肉无力，这就是马拉硫磷中毒的典型症状。由于这些持续性的严重症状，他已经不能工作了。

除了曾经安全的花园塑料管外，割草机也安装了喷药设备，当房主割草的时候，这种设备就会喷出一阵阵烟雾。所以，除了具有潜在危险的燃油尾气之外，空气中又增添了分布均匀的杀虫剂颗粒。郊区居民放心大胆地使用这种割草机，大大增加了他脚下的污染，几乎超过了任何一座城市污染的程度。

然而，没有人提出园艺或居家使用杀虫剂的危害——标签上的字体小到难以辨认，很少有人去看，或者照做。最近，一家公司做了一些调查，希望确认一下多少人会看说明。他们的调查结果显示，使用杀虫剂喷雾或者喷剂的每 100 人里，不超过 15 个人会看包装上的警告。

现在的郊区居民有一种习惯，就是要不惜一切代价铲除马唐草。旨在消灭这种讨厌植物的袋装化学品几乎成了一种地位的象征。单从各种除草剂的品牌名称上根本看不出它们的种类和特性。要想知道它们的成分，你必须仔细寻找犄角旮旯里的小号字体。五金店或园艺用品店里的产品说明书很少涉及这些化学品处理和使用过程中的危害。相反，这类产品典型的说明书呈现的是一个欢乐的场面：爸爸和儿子笑着准备给草坪喷药，孩子和小狗在草地上欢快地打滚儿。

食品中的化学残留是一个热点问题。药物残留问题要么被生产厂家轻描淡写地蒙混过关，要么遭到断然否认。同时，有一种强烈的倾向，给那些"无理取闹"的要求食物不准使用杀虫剂的人们，扣上"激进分子"或者"邪教暴徒"的帽子。在这些争论的迷雾中，真相到底是什么样的呢？

医学已经证实，在 DDT 到来之前（1942 年）出生或者死亡的人体内，是不含 DDT 及其类似药剂的。正如第三章所提到的，从 1954 年到 1956 年提取的人类脂肪样品中含有浓度为百万分之 5.3 到百万分之 7.4 的 DDT。已有证据表明，DDT 残留的平均水平已经稳步上升到了新的数值，而那些因职业或者其他特殊因素较多接触杀虫剂的人群体内的 DDT 残留浓度更高。

没有直接接触杀虫剂的人体内脂肪的 DDT 可能来自于食物。为了验证这个假设，美国公共卫生署的一个科学工作组对饭店和食堂的食物进行了调查，结果每种食品都含有 DDT。由此，调查者有充足的理由相信，"几乎没有完全不含 DDT 的食物"。

在这些饭菜中，DDT 的含量可能很高。在公共卫生署的一项独立研究中，对监狱饭菜的分析说明，像炖干果这类饭菜中的 DDT 浓度为百万分之 69.6，面包里的 DDT 浓度为百万分之

100.9！在普通家庭的饮食中，肉类和动物脂肪制品中氯化烃的含量最高。因为这些化学毒素溶解于脂肪。水果和蔬菜的残留相对较少。如果有残留的话，是无法洗掉的，唯一的办法就是剥去生菜、卷心菜这类蔬菜的外层叶子，然后扔掉；要是水果的话，就要削去外皮，果皮和外壳也要丢掉。烹调是不能破坏或分解药物残留的。

食品和药物管理局规定牛奶等几种食品中禁止含有杀虫剂残留，但实际上，只要检验必定会发现残留。黄油和其他奶制品的残留最高。1960 年，检测人员对 461 种这类产品检测后发现，三分之一都有药物残留。对此，食品和药物管理局表示情况"很不乐观"。

如果想要找到不含 DDT 及其相关化学品的食物，就必须去遥远偏僻、简单原始、尚无先进设施的地方。这种地方虽然极少，但还是有的，比如阿拉斯加的北极沿海地带——即使在这里，也能发现污染正悄悄逼近。科学家发现，当地爱斯基摩人的本地食物中不含杀虫剂。鲜鱼、干鱼、脂肪、油脂、海狸肉、白鲸、驯鹿、麋鹿、北极熊、海象、蔓越橘、鲑浆果、野大黄等，一切都没有受到污染。唯一例外的是，来自波音特霍普的两只白猫头鹰体内含有少量的 DDT，可能是它们在迁徙的过程中摄入的。

对一些爱斯基摩人的身体脂肪取样检查后，也发现了少量的 DDT 残留（0 到百万分之 1.9 之间）。原因很明显，脂肪样品取自那些离开居住地前往安克雷奇市美国公共卫生署医院做手术的人们。在那里，到处充斥着现代文明的生活方式，医院的食物含有的 DDT 与人口稠密的城市不相上下。这些毒素仅是对他们短暂停留的犒赏而已。

我们吃的每顿饭都有一定量的氯化烃，这是不可避免的，因为对农作物铺天盖地的喷药和撒药粉必然会导致这样的结果。假如农民严格按照用药说明来使用的话，药物残留一般不会超出规定范围，暂且不论残留标准安全与否，明显的是，农民的用药量经常会超出规定很多，他们还会在临近收获的时候喷药。在喷洒一种药剂就可以的情况下，他们会使用多种药剂，而且常常连用药说明也懒得看一下。

即使那些化工企业也发现了杀虫剂经常被误用的情况，他们认为有必要对农民进行培训。业内一个主要刊物近来就宣布："很多用户不知道，如果超量用药，农药会超过环境承受的极限。农户们'心血来潮'的结果就是随意地把杀虫剂喷洒在农作物上。"

食品和药物管理局的档案里有很多类似的例子。一些案例能形象地描绘出农民对使用说明的漠视：生菜就要收获的时候，一位农民在地里使用了8种不同的杀虫剂；一名运货商在一批芹菜上使用了5倍于建议最大剂量的对硫磷；尽管药物残留受到禁止，种植户仍在生菜上使用了异狄氏剂（毒性最强的氯化烃）；菠菜成熟前一周又被喷洒了DDT。

也有一些污染是因偶然和意外引起的。例如，一艘轮船上用麻袋装着的绿咖啡被污染了，原因是这条船上还装有一批杀虫剂。仓库里密封好的食品可能受到DDT、林丹以及其他杀虫剂的污染，因为杀虫剂悬浮颗粒会穿透包装材料，从而大量进入包装食品。食品储藏时间越久，受污染的可能性就越大。

有人会问："难道政府不会保护我们免受其害吗？"答案是：

"除非万不得已。"食品和药物管理局在保护人民安全方面受到两个因素的限制：第一个是，该局只对州际交易的食品拥有管辖权；州内生产和销售的食品不在其管辖范围，因此对于此类违法行为有心无力。第二个关键的原因是，该局的监察人员太少，只有不到 600 人。据食品和药物管理局的一名官员说，在现有设备下，只有很小一部分（不到百分之 1）的州际农产品贸易能够得到检查，但这在统计学上没有任何意义。至于州内食品的生产和销售状况就更加糟糕了，因为大部分州在这方面的法律残缺不全。

食品和药物管理局制定的污染管理体系具有明显的缺陷，因为它设置的最大"允许"限度就有问题。在当前条件下，它只是一纸空文，并造成一种假象——安全限度已经确立并得到有效执行。至于允许食品中含有少量的药物残留——这一点，那一点——引起了很多人的反对，因为他们有充足的理由相信，毒素就没有安全的，人们绝对不需要。为了设定一个最大限度，食品和药物管理局会查阅动物的药物试验，进而确立一个污染最大值，这一数值要远低于实验动物发病的剂量。这一系统看似能够保证人类的安全，实则忽略了很多重要因素。实验动物是在人为控制下摄入一定量化学品的，而人类与化学品的接触则是重复的，并且大部分情况是未知的、无法测量的，也是不可控制的。即使宴会上的沙拉的生菜含有百万分之 7 的 DDT 是安全的，这顿饭还包括其他食物，每一种都带有残留。而且，如我们所知，食物中的杀虫剂只是人类接触到的化学品中的一小部分，从各种渠道获取的化学物质叠加在一起，所以人的接触总量是无法估算的。因此，单独讨论某种药物残留的"安全性"没有任何意义。

　　另外还存在一些问题。有时候，最大限度是在背离食品和药物管理局科学家的正确判断下制定的（后文会提到相关案例），或是在缺乏对某种化学品认识的情况下确定的。之后由于得到了更准确的信息，会降低限值或者将其撤销，但此时，公众已经被迫接触危险剂量的化学品几个月或者几年了。之前就有过先容许后取消使用七氯的例子。有些化学品甚至没有进行野外实验就开始登记使用了，所以，检查人员很难发现它们的残留。这一问题严重阻碍了对"蔓越橘药剂"——氨基三唑的检测。用来处理种子的杀菌剂，人们也缺少对它的分析方法——如果这些种子在播种期间用不完的话，很可能会摆上人们的餐桌。

　　实际上，确立限值就意味着允许公共食品使用有毒化学品来降低农民和加工企业的生产成本；而消费者只好照章纳税，养活监察机构来保证自己不会中毒而死。但是鉴于目前农药的施用量和毒性，要使监察工作做到位需要投入很大的资金，任何议员都不敢拨付如此巨额的款项。最后，不幸的消费者虽然缴纳了税费，但是面对的毒药数量却丝毫不减。

　　有解决的办法吗？首先要做的就是废除氯化烃、有机磷以及其他强毒化学品的最大限值。但是会有人立即跳出来反对，说这会加重农民的负担。如果能把各种水果和蔬菜上的 DDT 残留成功地控制在百万分之 7，把对硫磷残留控制在百万分之 1，或者把狄氏剂残留控制在百万分之 0.1，为什么不再加把劲儿完全消除残留呢？实际上，某些农作物上就不允许出现一些化学品的残留，如七氯、异狄氏剂、狄氏剂等。如果这些能够实现的话，为什么不扩展至所有的作物呢？

　　但这还不是完整的或最终的解决方案，因为纸面上的零容忍没有任何意义。目前，正如我们所知，超过百分之99的州际食品运输可以避开检查。所以，我们迫切期待食品和药物管理局提高警惕、积极进取，并扩充检查队伍。

　　故意给我们的食物下毒，然后再进行监管的这种社会体系，不由得使人想起了刘易斯·卡罗尔的"白衣骑士"（《爱丽丝漫游奇境记》中的一个角色）：他"盘算着把自己的胡须染绿，再用把大扇子把它们遮蔽"。我们得到的最终答案就是尽量少使用有毒化学品，以减少误用导致的公共威胁。现在，这些安全的物质已经存在了，比如除虫菊素、鱼藤酮、鱼尼丁以及其他取自植物的化学物质。最近，已经研制出了除虫菊素的人工合成替代品。只要有需要，一些国家已经准备好提高这种天然产品的产量了。

　　而我们也迫切需要商家在销售化学剂时向公众讲授化学品的特性。因为一般消费者会被各种杀虫剂、杀菌剂和除草剂弄得晕头转向，不知道哪种是致命的，哪种是相对安全的。

　　除了使用危险性小的农药外，我们还应努力探索非化学方法的可能性。目前，加利福尼亚州正在尝试一种新方法，利用某种昆虫的特定细菌引发其发病，用于农业虫害的防治。这种方法的广泛实验正在进行之中。除此之外，还有很多有效的防治方法不至于在食物中留下毒素（第十七章）。在这些方法得到广泛关注之前，我们依然压力很大。按照目前的形势来看，我们的生存环境危机重重，比波吉亚家的客人强不到哪儿去。

# 第十二章　人类的代价

工业时代产生的化学品异军突起，狂潮般地吞噬着我们的环境，而严重的公共健康问题的本质也发生着巨大变化。就在昨天，人类还在为天花、霍乱和鼠疫的肆虐而惊恐不已，如今，我们主要关心的不再是这些无处不在的细菌和病毒了；良好的卫生环境、更好的生活条件以及新型药物完全可以把它们置于我们的掌控之下。今天，我们担心的是隐藏在环境中的另一种危害——它是随着人类生活方式的现代化而被引入这个世界的。

新环境下的健康问题可谓纷繁复杂：有辐射引起的，也有包括杀虫剂在内的化学品开发大潮所引发的，这些化学品已经遍及我们生活的世界了，它们或直接或间接，或单个或集体地毒害我们。化学品的出现给我们投下了一个不祥的阴影，因为它们无影无形、十分隐蔽，令人不寒而栗，而我们一生都将暴露在这些化学物质及其物理媒介之下，这些有毒物质本就不属于我们的生理过程，它们产生的后果不堪设想。

美国公共卫生署的大卫·普莱斯博士说："我们一直生活在恐惧之中，担心什么事物会毁灭我们的环境，使我们遭受恐龙一样的厄运。更让人担忧的是，可能在症状出现 20 多年以前，我们的命运就已经被判定了。"

在环境性疾病的画面中，杀虫剂置身何处呢？我们已经看到化学品污染了土壤、水和食物，其效力足以杀死河里的鱼儿，并让花园和森林中的鸟儿消失。尽管人类喜欢装作与自然毫不相干，但他们确实是自然的一部分。如今，污染遍及全球，人类能置身其外吗？

我们知道，如果剂量足够大，即使只接触一次，也可能导致急性中毒，但这还不是主要问题。农民、喷药人员、飞行员以及其他大量接触杀虫剂的人突然生病或死亡都是本不该发生的悲剧。对于全体人类而言，杀虫剂正悄悄污染着环境，人类少量吸收后的延迟效应才应该是我们关注的重点。

一些认真负责的公共卫生官员指出，化学品的生物效应是长时间积累的，对个人的伤害取决于他一生的接触量。正是因为这种原因，它的危险很容易被人忽视。对于未来的灾难尚不明朗，人类会本能地耸耸肩，表示这无关紧要。一位明智的医师雷内·杜博思博士说："人类本能地只重视有明显症状的疾病，但是一些最危险的敌人正悄悄地逼近我们。"

就像密歇根州的知更鸟或米拉米奇河中的鲑鱼一样，对于我们每个人来说，这是一个相互关联、彼此依赖的生态问题。我们消灭了河流附近的石蛾，也毒死了河中的鲑鱼。我们杀死了湖中的虫子，但是毒素会通过食物链传递，最后毒死湖边的鸟儿。我们在榆树上喷了药，第二年春天就听不到知更鸟的歌声了。并不是我们直接把药物喷向了知更鸟，而是毒素沿着树叶—蚯蚓—知更鸟的循环一步步传递。这些事件都有据可查，它们就发生在我们的眼皮子底下，并展示出一张大网——死亡之网，科学家称之为生态。

我们的体内也存在一个生态世界。在这个看不见的世界里，极小的诱因也会导致严重的后果，更糟糕的是，病症却看似与诱因无关，因为它会出现在远离受伤之处的部位。近来一份医学研究现状总结道："某个部位的变化，甚至一个分子的变化，可能会影响整个系统，并引起不相关的器官或组织发生病变。"如果我们关注一下人体神奇的功能，就会发现因果关系并不那么简单，也不容易证明。它们可能会在时空上相距很远。想要找出造成疾病与死亡的原因，需要人们将很多个别的事实拼接起来才能发现，而这些结果是需要从各个领域进行大量研究才能得出的。

我们习惯于寻找明显而直接的影响，而忽略其他。除非爆发突然而明显的症状，否则我们不会承认存在危险，即使研究人员也缺乏检测损害源头的方法。如果没有症状，我们就没办法检测出损伤，这也是医学界尚未解决的一大问题。

有人会反驳："但是我也经常在草坪上喷洒狄氏剂，我却没有出现像世界卫生组织喷药人员那样的抽搐症状——所以，我没受到伤害。"事情并非如此简单。尽管没有突发剧烈的症状，但凡接触过狄氏剂的人还是会在其体内积蓄毒素的。如我们所知，氯化烃残留都是从最小的摄入量开始慢慢积累的。毒素会储存在人的脂肪中，一旦消耗这些脂肪，毒素可能会迅速出击。新西兰的一家医学杂志最近提供了一个例子。一个正在进行肥胖治疗的人突然出现了中毒症状。检查发现，他的脂肪里含有狄氏剂，在他减肥的过程中，这些毒素被代谢了。还有因疾病而变瘦的人也存在同样的风险。

另外，毒素蓄积的后果可能会更加隐蔽。几年前，美国医学会的期刊对脂肪组织中杀虫剂的危害发出了警告，并指出，与可以代谢的物质相比，蓄积性的药物和化学品更需要被谨慎对待。我们接到警告，脂肪组织不仅储存脂肪（约占体重的百分之18），还具有重要的功能，而蓄积的毒素会干扰这些功能。此外，脂肪也广泛分布于人体的各个器官和组织，甚至是细胞膜的组成部分。因此，认识到这一点很重要，杀虫剂在细胞中积累，干扰氧化过程和能量供应机制。我们将在下一章详述这个问题。

关于氯化烃杀虫剂最重要的一点就是它们对肝脏的影响。在人体的所有器官中，肝脏是最特别的。肝脏功能的多样性和必要性无可替代。很多重要的机体活动都是由肝脏控制的，因而即使肝脏受到极小的损害，也会引起严重的后果。它不仅为消化脂肪提供胆汁，而且由于所处位置和各种管道的汇聚，肝脏能够直接得到来自消化道的血液，并深度参与所有食物的消化吸收。它以糖原的形式储存糖分，并精确地释放出葡萄糖，保证人体血糖处于正常水平。它还会合成蛋白质，包括一些凝血血浆的重要成分。它使血浆中的胆固醇保持在合理的范围，当雄性激素和雌性激素超过正常水平时，会使它们钝化。它储存着很多维生素，其中一些维生素会维持肝脏的正常工作。

失去了正常的肝脏，人体就会缴械——因为无法抵抗各种入侵的毒素。其中一些是新陈代谢的副产品，肝脏可以通过去氮作用快速有效地进行处理。但是，肝脏还可以把外来物质的毒素化解。"无害的"杀虫剂马拉硫磷和甲氧氯毒性相对较小，原因就是肝脏里的一种酶将它们的分子转化了，从而削弱了它们的毒性。我们接触的大部分有毒物质都会被肝脏以同样的方式处理掉。

但是现在，针对各种毒素的防线已经被削弱，并逐渐走向崩溃。损伤的肝脏不仅不能保护我们免受毒素的侵扰，而且其大部分功能还会发生紊乱。这样，产生的后果不仅影响深远，而且由于它的形式变化多端、间隔期长，人们很难追溯到真正的原因。

损伤肝脏的杀虫剂被广泛使用，因此有必要注意自 20 世纪 50 年代以来肝炎患者的数量急剧增加的现象。据说肝硬化患者也在不断增加。与实验动物相比，在人类身上证明 A 是病症 B 的原因是比较困难的，但是常识告诉我们，肝脏疾病的猛增与杀虫剂的盛行不无关系。且不管氯化烃类产品是否是主要原因，把我们自己暴露在损伤肝脏并可能削弱其抵抗力的药物之下，显然是不明智的。

尽管方式不同，两种主要的杀虫剂——氯化烃和有机磷都可以直接影响神经系统。这一点已经被大量的动物实验和人体观察所证实。广泛使用的首批新型有机杀虫剂 DDT 主要影响人类的神经系统：小脑和高级运动皮质层受到主要影响。据一本毒理学标准教材记载，接触大量的 DDT 后会产生刺痛、灼烧、瘙痒、颤抖甚至抽搐等症状。

我们对 DDT 急性中毒症状的首次认识是几名英国研究人员提供的。为了研究 DDT 引起的中毒后果，他们故意接触了 DDT。英国皇家海军生理实验室两位科学家通过直接接触墙面上的水溶性油漆使皮肤吸收了 DDT，油漆中含有百分之 2 的

DDT，并在上面覆盖了一层油膜。在他们对症状的详尽描述中，毒素对神经系统的直接作用一览无余："真切地感觉到疲劳、沉重、四肢疼痛，精神极度痛苦……烦躁不堪……什么也不想干，大脑连最简单的事也无法处理。关节还会不时地剧烈疼痛。"

另一名英国实验者把含有 DDT 的丙酮溶液涂在了自己的皮肤上。他在实验报告中说，感到四肢疼痛、肌肉无力，还出现了神经紧张性痉挛。他休息了一天，情况有所好转，但复工后又恶化了。然后，他不得不在床上躺了 3 周，感到四肢疼痛、失眠、神经紧张、极度焦虑。有时候，他浑身颤抖——就像我们司空见惯的鸟类 DDT 中毒的症状一样。这位实验员整整 10 个星期没能工作，年底他的实验被一家医学杂志报道时，他还没有完全康复（尽管证据确凿，几名美国研究人员还是把参加 DDT 实验志愿者的头疼和"每个骨头都疼"的症状归结为"精神神经症"）。

如今，有案可寻的多起案例的症状和中毒过程都指向了致病元凶——杀虫剂。通常，这些患者都是明确接触过某种杀虫剂的，经过治疗症状有所缓解，包括杜绝与生活环境中的任何杀虫剂接触，但只要再次接触类似的化学品，病情还会复发。这些证据可以作为其他病症药物治疗的依据。

这些事例足以警示我们，冒着"预期风险"把我们的环境浸泡在杀虫剂中是多么愚蠢。为什么处理和使用杀虫剂的人们没有表现出同样的症状呢？这就要看个人的敏感性了。有证据显示，女人比男人敏感，孩子比大人敏感，久坐室内的人比户外工作或经常锻炼的人敏感。除此之外，还有一些无法解释、难以察觉的区别。某个人对粉尘或者花粉过敏，对某种药物过敏，或者容易受一种传染病的影响，而其他人却不会这样，这种现象目前还没有得到合理的解释。但这个现象是真实存在的，而且影响了很多人。一些医生估计，有三分之一或者更多的病人出现过过敏的症状，而且数量还在增加。事实上，一些医学人员认为，间歇性地接触化学品可能会导致过敏。如果这是真的，那么就可以解释，为什么因工作持续接触化学品的人很少出现中毒症状。由于频繁接触化学品，这些人已经不再过敏，就像医生给过敏症病人反复注射过敏源而使他产生抗体一样。

人类不像严格控制下实验室里的动物，面对的不仅仅是某一种药物，因此杀虫剂中毒问题就变得十分复杂了。在不同类别的杀虫剂之间，在杀虫剂和其他化学品之间都可能发生化学反应，从而造成严重的后果。无论进入土壤、水还是人类的血液，这些不相关的化学品不会保持相互隔离的状态；它们之间会发生神奇的、看不见的变化，一种化学品会改变另一种的特性，产生新的毒害作用。

甚至一些通常情况下相互独立的两种杀虫剂也会发生反应。如果首先接触了氯化烃，使肝脏受到损害，有机磷（破坏保护神经的胆碱酯酶的元凶）的毒性会增强。这是因为肝脏功能受到影响，胆碱酯酶会低于正常水平，这就减弱了对有机磷的抑制作用，导致急性中毒。如我们所知，成对的有机磷相互作用，会使它们的毒性增强百倍。有机磷还可能与各种药物、合成材料、食品添加剂发生作用。而这个世界充斥着各种合成材料，除此之外，谁能告诉我们还有些什么呢？

一种本来无害的化学品会因为另一种化学品的作用而发生巨

变，DDT 的一个近亲甲氧氯就是很好的例子（实际上，甲氧氯并不像人们想象的那样安全，因为近来的动物实验证明它会直接影响子宫，并阻碍脑垂体激素。这就提醒我们，这些化学品是有极大生物效应的。其他研究显示，甲氧氯可能损害肾脏）。单纯与甲氧氯接触不会在体内大量积蓄，所以人们才会认为这是一种安全无害的化学品，但这并不完全正确。如果肝脏受到了另一种化学物质的损害，甲氧氯在体内的积蓄会增加百倍，进而就像 DDT 一样持久地影响神经系统。但是，造成这种后果的肝脏损伤极其细微，难以觉察。

很多常见的情况也会造成肝脏损伤：使用另一种杀虫剂，使用含有四氯化碳的清洁剂，或服用某种镇静药等。大部分（不是所有）镇静剂是氯化烃类化学品，有可能会伤害肝脏。

对神经系统的损伤并不局限于急性中毒，可能还会有后遗症。甲氧氯等化学药剂对大脑和神经系统的长期损害早就见诸报端了。除了急性中毒外，狄氏剂还会留下各种后遗症，比如"健忘、失眠、梦魇、狂躁等"。根据一些医学发现，林丹会在大脑和正常的肝脏组织中积蓄，诱发"对中枢神经系统的深远影响"。然而，这种六氯联苯的化学物质被广泛应用于各种加湿器。这种装置会在家庭、办公室和餐馆喷出阵阵杀虫剂气雾。

通常认为有机磷杀虫剂只与急性中毒症状有关，但它也能对神经组织造成永久性损伤，而且最近研究发现，它还可能诱发精神疾病。这类杀虫剂已经造成了多例麻痹后遗症的出现。大约在 1930 年，美国禁酒期间，一件怪事预示着接踵而至的麻烦。其诱因并不是杀虫剂，而是隶属有机磷杀虫剂的一种化学物质。那时候，为了规避禁酒法令，人们不得不用一些药物取代烈酒，其中就有一种牙买加姜汁的替代品。但是，在美国，药用产品非常昂贵，于是私酒商就想了一个法子，用姜汁代替白酒。他们做得相当成功，假冒产品通过了化学检测，也骗过了政府部门的药剂师。为了让姜汁的味道更像酒，他们添加了一种叫作三元甲苯基磷的化学品。这种药物与对硫磷及其同类化学品一样，能够破坏胆碱酯酶。私酒商的这些产品使1.5万人的腿部肌肉永久性严重萎缩而瘫痪，现在这种病症被称作"姜瘫"。伴随着瘫痪的还有神经鞘的损伤和脊髓前角细胞的退化。

正如我们所见到的，大约20年后，有机磷杀虫开始涌现，而类似"姜瘫"的病例也接二连三地不断出现。其中一名患者是德国的温室工人，他在使用对硫磷后，出现了几次轻微的中毒症状，几个月后便瘫痪了。然后，有3个化工厂工人因为接触同类化学品而出现了急性中毒。经过治疗，他们都恢复了，但是10天后，其中两人出现了腿部肌肉无力的症状。一个人的症状持续了10个月；而另一名女性化学家的病情更严重，她的双腿、双手以及胳膊都出现了麻痹症状。两年后，当一家医学杂志报道她的情况时，她仍然不能行走。

导致这些病例的杀虫剂已经从市场上撤回了，但是仍在使用的一些化学品可能还会造成类似的伤害。实验证明，马拉硫磷（园艺工人的最爱）引起了鸡出现肌肉无力的现象（跟"姜瘫"一样），这也是因坐骨神经鞘和脊髓神经鞘被破坏引起的。

如果幸存下来，这些中毒症状可能仅是更严重后果的前奏。鉴于它们对神经系统的严重损害，这些杀虫剂不可避免地与精神病联系起来。最近，墨尔本大学和普林斯亨利医院的研究员揭示了这种联系，他们共报告了 16 例精神病例。这些患者都曾经长期接触有机磷杀虫剂，其中 3 人是检查喷药效果的化学家；8 人在温室工作；其余 5 人是农场工人。他们的症状表现为：记忆减退、精神分裂和抑郁反应等。之前，这些人都很正常，他们手中的化学品却杀了个回马枪，将他们放倒了。

如我们所知，类似的病例在各种医学文献中随处可见，有的与氯化烃有关，有的与有机磷有关。暂时遏制昆虫的代价实在过于昂贵——头脑混乱、出现幻觉、记忆减退、狂躁不安，只要我们坚持使用这些直接攻击神经系统的化学品，这种代价就会永远强加在我们的身上。

# 第十三章　小窗之外

　　生物学家乔治·瓦尔德曾经把自己的一个研究专题——眼睛的视觉色素称作"一个狭小的窗户，从远处看，只能看到一丝亮光。你离它越近的话，你的视野就会越广阔，直到最后你贴近窗户之际，整个宇宙就会映入你的眼帘。"

　　的确如此，我们应该首先关注人体自身的细胞，然后细胞内的微小结构，最后聚焦结构内分子之间的重要作用——只有这样做，我们才能理解随意将外界化学品引入人体环境而产生的深远影响。医学研究最近才开始关注单个细胞产生能量的功能，这些能量是维持生命不可或缺的。人体的能量产生机制是根本，不仅对于健康，对于生命也一样——它的重要性超过了最重要的器官，因为如果没有正常有效的产生能量的氧化过程，身体就失去了所有的功能。然而，用来对付昆虫、啮齿类动物、杂草的化学品却可能直接攻击这套系统，干扰这种完美的机制。

　　生物学和生物化学引人注目的优秀成果之一，就是帮我们打开了认识细胞氧化的大门。做出贡献的研究者中有很多是诺贝尔奖的获得者。在前人研究的基础上，这项工作又一步步地向前走了二三十年的时间。即便就是这样，还有很多细节没有完成。而且，我们是在过去 10 年内才把各项零散的研究整合到一起的，使得生物氧化成了生物学家常识的一部分。更重要的是，1950 年以前接受基本训练的医务人员并没有机会了解它的重要性和破坏了这个过程的后果。

产生能量的重要工作并不是在哪个器官中完成的，而是在全身的细胞中进行的。一个活的细胞就像一团火焰，通过消耗燃料来为身体提供能量。这一类比诗意有余，但精确不足，因为细胞"燃烧"是在身体的正常温度下进行的。然而，正是亿万个小小燃烧的"火苗"启动了能量开关。"一旦它们停止燃烧：心脏就会停止跳动；植物就不能抗拒重力向上生长；变形虫变得不会游泳；神经失去知觉，大脑中不会再有思想闪过……"化学家尤金·拉比诺维奇说。

细胞中物质转化成能量是一个连续不断的过程，就像一个永不停歇的蒸汽轮，是自然循环更新的一种。碳水化合物以葡萄糖的形式一粒又一粒、一个分子又一个分子地进入这个轮子；在循环过程中，燃料分子会发生断裂和一系列细微的化学变化。这些变化都是有序进行的，一步接一步，每一步都由一种酶指引和控制，各司其职。每一步在产生能量的同时也会形成废物（二氧化碳和水），经转化的燃料分子会进入下一阶段。当这个轮子转完一圈后，燃料分子已经被分解得差不多了，并准备与新的分子结合，然后开始新一轮的循环。

细胞就像化工厂一样，它们的作用过程是生命世界的一个奇迹。工作车间都极其微小，更平添了几分神秘。因为除了少数的几种，细胞都很小，只有用显微镜才能看得到。但是，氧化过程是在一个更小的地方完成的，这个小颗粒就是细胞内的线粒体。虽然人们已经知道这种线粒体有 60 多年了，但是过去它们都被当作未知的细胞元素，也不认为有什么重要作用。直到 20 世纪50 年代，这一领域的研究才变得生机盎然、富有成果；线粒体突然变得引人瞩目了，5 年内，仅这一课题就发表了 1000 篇论文。

在解开线粒体谜团的过程中，人类表现出来的非凡创造力和耐心值得敬畏。想象一下，如此微小的颗粒，即使在显微镜下放大 300 倍也看不到。试想一下，什么样的技术才能剥离这种颗粒，并将其拆分，然后分析其结构，最终确定它们极其复杂的功能。可喜的是，这一切都在电子显微镜和生化学家的高超技术的帮助下实现了。

现在真相已经大白于天下了，线粒体就是一小包一小包的酶，它们是氧化过程所需的各种酶的混合体，精确有序地排列在线粒体的壁和隔膜上。线粒体就像一个个"动力室"，大多数产生能量的反应过程都在这里发生。氧化的初步环节在细胞质中完成后，燃料分子就进入了线粒体。氧化过程就是在这里完成的，巨大的能量也是从这里释放的。

如果不是为了如此重要的结果，线粒体中为了氧化作用而不停运转的轮子就失去了意义。氧化循环每一阶段产生的能量都包含在被生化学家称为 ATP（三磷酸腺苷）的物质中，这是一种包含三组磷酸盐的分子。ATP 之所以能提供能量，是因为 ATP 可以将其中的一组磷酸盐转化为其他物质，在释放能量的过程中，大量电子来回穿梭，高速运动。就这样，在肌肉细胞中，当把末端收缩磷酸盐运送到肌肉时，就产生了收缩力量，另一个循环接着开始了，即一环套一环：ATP 分子失去一组磷酸盐，保留两种，生成二磷酸盐分子 ADP。但是随着轮子继续转动，别的一组磷酸盐会补充进来，于是 ATP 得到恢复。就像我们所使用的蓄电池一样：ATP 是充满的电池，ADP 是放空的电池。

从微生物到人类，ATP 为所有生物提供能量。它为肌肉细胞提供机械能，也可以为神经细胞提供电能。不仅这些，ATP 还为精子细胞，即将变为青蛙、鸟或婴儿等剧烈变化中的卵细胞以及荷尔蒙的细胞提供能量。ATP 的一部分能量会在线粒体中消耗，但是大部分能量会立即输送到细胞，为其活动提供能量。线粒体在细胞中的位置最有利于发挥它们的功能，因为在这个位置能保证将能量精确送至目的地。在肌肉细胞中，它们聚集在收缩纤维的周围；在神经细胞中，它们处于细胞间的结合点，为神经冲动提供能量；在精子细胞中，它们汇聚在推进尾部与头部连接的地方。

氧化过程中的耦合就是充电过程，这期间 ADP 和一组自由的磷酸盐结合成 ATP——这种紧密连接叫作耦联磷酸化。如果结合变不成耦合，就不会产生可用的能量。呼吸还在进行，但是不会有能量产生。细胞就会变成一个赛车发动机，只能产生热量，不会释放能量。这样的话，肌肉就无法收缩，神经冲动也不能传递了。精子到不了目的地，受精卵很难完成复杂的分化和发育。非耦合的后果对从胚胎到成人的所有生物都是一场灾难：可能导致组织或者生物体死亡。

非耦合是怎么发生的呢？辐射是其中的一个因素。有人认为，受到辐射的细胞就是这样死亡的。不幸的是，很多化学品也具有阻止氧化过程中能量产生的能力，杀虫剂和除草剂就名列其中。如我们所知，苯酚对新陈代谢影响巨大，它可能会导致体温升高到致命的程度；这就是"赛车发动机"非耦合的结果。二硝基酚和五氯苯酚是这类化学品的代表，它们广泛用作除草剂。另一种非耦合化学品是 2.4-D。在氯化烃中，DDT 被证明是非耦合药物，随着进一步的研究可能会发现此类化学品中其他的非耦合产品。

但是，非耦合并不是浇灭亿万细胞小火苗的唯一因素。我们已经知道，氧化的每个阶段都是由一种特殊的酶控制和推进的。如果这些酶中的一种，甚至是一个遭到破坏或者被削弱，细胞内的氧化循环就会停止。无论哪种酶受到影响，后果都是一样的。氧化过程就像一个不停转动的轮子，如果在辐条中间塞进一根撬棍，不论插到哪个位置，轮子都会停止转动。同样，如果破坏了氧化过程中的某种酶，整个过程就会中止，因此不会有能量产出，这与非耦合非常相似。

大量的杀虫剂中的任何一种都能充当这根撬棍。DDT、甲氧氯、马拉硫磷、吩噻嗪以及各种二硝基化合物都能抑制氧化循环的一种或多种酶。因此，这些药剂可能阻碍能量生产的全过程，并造成细胞缺氧。这种损伤会带来很多灾难性的后果，我们只能列举一二。

下一章将会讲到，实验人员仅靠抑制氧气供应，就把正常的细胞转变成了癌细胞。其他的严重后果也会在动物胚胎的实验中简单介绍。没有足够的氧气，组织的生长和器官的发育就会受到干扰，然后发生畸形和其他异常情况。如果人类的胚胎缺氧，便会造成先天畸形。

尽管极少有人会去探求其原因，已有迹象表明人们开始注意到这些不断增加的灾难了。1961 年，人口统计局发起了一项全国范围的畸形儿调查，并附了一张说明，称调查结果将作为先天畸形与环境关联的证据。毫无疑问，此项研究主要研究辐射造成的影响，但是化学品的影响也不容忽视，因为它们跟辐射的危害是一样的。人口统计局预计形势会很严峻，因为未来儿童的缺陷和畸形，几乎都是由无处不在的化学品造成的，它们把我们团团围住，从而对我们进行内外夹击。

一些研究结果显示，生殖能力下降与生物氧化过程受到干扰以及供应能量的 ATP 减少有关。卵子即使在受精之前也需要大量的 ATP，从而为下一阶段做好准备，一旦精子进入，卵子受精，需要耗费大量的能量。精子是否能到达并穿透卵子取决于它本身的 ATP 供应，它们都是由高度集中在细胞颈部的线粒体产生的。一旦受精成功，细胞就开始分化了。ATP 供应的能量很大程度上决定了胚胎能否发育成型。一些胚胎学家研究了青蛙卵和海胆卵这些容易获得的对象后，发现如果 ATP 低于一定水平，卵子就会停止分化，很快就死了。

胚胎实验室的研究结果也适用于苹果树上的知更鸟，它们的窝里有几颗蓝绿色的鸟蛋——但都是冰凉的，生命之火几天内就熄灭了。在佛罗里达州，一棵高大的松树上有个鹰窝，用的是零零散散、长短不一的残棍断枝，却也垒得错落有致。里面有 3 颗白色的鹰蛋，但也是冰冷的。为什么幼鸟都没有孵化出来呢？鸟蛋是否像实验室里的青蛙卵一样，因为缺少 ATP 提供的能量而没有正常生长吗？是否因为成鸟和蛋里积累了足够的杀虫剂，从而使氧化车轮停止不再产生 ATP 了呢?

很明显,检查鸟蛋要比检测哺乳动物的卵细胞容易得多,因此大可不必劳神费力地去猜测鸟蛋里是否含有杀虫剂,我们可以让事实说话。不论是在实验室里,还是在野外,只要接触过化学品的鸟儿,它们下的蛋中都会留有浓度很高的 DDT 和氯化烃残留。在一次实验中,从加利福尼亚州的野鸡蛋中检测出了百万分之 349 的 DDT。在密歇根州,在知更鸟尸体的输卵管提取的蛋中,发现 DDT 的浓度为百万分之 200。其他知更鸟中毒死亡,在其留下的蛋中也检查出了 DDT 残留。在附近的一个农场里,艾氏剂中毒的母鸡下的蛋里也含有艾氏剂。实验室里喂过 DDT 的母鸡下的蛋,也检测出了百万分之 65 的残留。

既然我们知道了 DDT 和其他(也许是全部)氯化烃会破坏某种特殊的酶,并阻碍能量的产生,或使能量产生机制发生非耦合,就很难想象含有大量农药残留的鸟蛋会完成复杂的发育过程:无数次细胞的分裂,各组织和器官的发育,关键物质的合成最终形成新的生命。所有这些都需要人量的能量——ATP(只有新陈代谢之轮的转动才能产生)。这样的灾难不会局限于鸟类。ATP 是一种普遍存在的能量单位,其代谢循环过程在所有的生物身上都是一样的,作用也别无二致。其他物种生殖细胞中残留的杀虫剂也值得我们担忧,因为同样的问题、相同的效应也可能会出现在我们身上。

有证据显示,这些化学毒素不仅出现在形成生殖细胞的组织里,而且会残留在细胞里。在一些鸟类和哺乳动物的生殖器官里发现了杀虫剂的身影,包括控制条件下的野鸡、老鼠、豚鼠,给榆树喷药地区的知更鸟，云杉蚜虫药物防治地区的鹿等。其中一只知更鸟睾丸里的DDT浓度比身体其他部位都高。野鸡睾丸里也有大量DDT，大约为百万分之1500。

可能是由于性器官中高浓度药物残留的作用，实验中的哺乳动物出现了睾丸萎缩的现象。接触了甲氧氯的幼鼠，睾丸会很小。给小公鸡喂食DDT后，成熟的睾丸只有正常大小的百分之18；鸡冠和垂肉也只有正常的三分之一大小。

精子也可能由于缺少ATP而深受影响。实验表明，二硝基酚会降低公牛精子的活动能力，因为它会妨碍耦合机制，导致能量减少。如果进行深入调查的话，可能会发现更多的化学品有相同的效应。一些医学报告称，有证据显示空中喷洒DDT的人员出现了精子减少的现象。

对于全体人类而言，比个人生命更宝贵的是我们的遗传基因，它是连接过去和未来的纽带。经过漫长进化才形成的基因，不仅造就了我们现在的样子，还控制着我们的未来——不管未来充满希望还是威胁。然而，我们这个时代正面临着人工产品导致基因衰退的威胁，"这也是对文明最终的、最严重的威胁"。此时，比较一下化学品和辐射不仅合适而且必要。受到辐射的活细胞会遭到毁坏：正常分裂能力遭到破坏，染色体结构发生变化，携带遗传信息的遗传基因会发生突变，造成后代出现新的特征。如果细胞极其敏感的话，可能立刻被杀死，或者多年后变成恶性细胞。

在实验室里一大批化学品的类放射或者模拟放射已经证实了辐射的后果。许多杀虫剂和除草剂就属于这类物质。它们会引起与之接触过的人得病，或者在其后代身上体现出来。

仅在几十年前，还没有人知道辐射和化学品的这些效应。那时候，还没有原子裂变技术，用于模拟辐射的化学品还没有进入化学家的试管。到了1927年，得克萨斯大学一位动物学教授缪勒博士发现，动物被X射线照射后，后代会发生突变。缪勒的发现开创了科学和医学研究的新领域。后来，缪勒因此获得了诺贝尔生理学或医学奖。由于对放射后果的宣传铺天盖地，现在就连门外汉都对其了如指掌。

尽管关注不多，20世纪40年代早期，爱丁堡大学的夏洛特·奥尔巴赫与威廉姆·罗宾森也发现了类似的情况。他们发现，与辐射一样，芥子气也会造成染色体异常。果蝇实验（早期，缪勒也曾用果蝇进行X射线的研究）显示，芥子气也会引发突变。就这样，人类发现了第一种诱变剂。

如今，除了芥子气外，人们还发现了很多其他化学品也可以改变动植物的遗传物质。为了认识化学品是如何改变遗传过程的，我们必须首先了解"生命"是如何在活细胞这个舞台上演的。

构成身体组织和器官的细胞必须有不断增殖的能力，才能保证身体的生长和生命薪火相传。这个过程是由有丝分裂或核分裂完成的。在一个即将分裂的细胞内，会发生最重要的变化：首先是细胞核内的变化，最终扩散至整个细胞。在细胞核内，染色体会神奇地移动、分裂，然后排成一种固定的模型，把遗传物质——基因传给子细胞。起初，它们呈长长的线状，基因排列在上面就像一串珠子一样，然后，每条染色体纵向断裂开来（基因随之分裂）。细胞分成两半后，染色体会分别进入其中一个子细胞内。这样每一个新细胞都会包含一整套染色体，染色体上包含所有的遗传信息。通过这种方式，物种的完整性得以保存和延续。

生殖细胞的形成过程十分特殊。因为所有物种的染色体是恒定的，由此可知，即将生成新个体的精子和卵子只能携带一半的染色体。在生殖细胞形成的分裂过程中，染色体精确地完成了这一行为。此时的染色体并不分裂，每对染色体中完整的一条就会进入一个子细胞中。

在这个阶段，所有生物的变化都是一样的。地球上所有的生命都会经历细胞分裂；不论人还是变形虫，高大的红杉还是微小的酵母，没有细胞分裂就不能长期存活。因此，任何阻碍细胞分裂的因素对生物的健康及以后代都会构成严重威胁。

乔治·辛普森和同事皮特德利以及蒂凡尼在他们的包罗万象的著作《生命》中写道："细胞组织的主要特征，包括细胞分裂在内，可能超过5亿年了，也许将近10亿年。从这方面看，地球上的生命很脆弱，也很复杂，但是很持久——甚至比山脉都要久远。这种持久性完全依靠遗传信息一代代地精确传递。"

但是，在作者回顾的这10亿年里，还没有出现20世纪中期因人造辐射和人造化学品广泛传播所造成的威胁。澳大利亚一名著名的医师，同时也是诺贝尔奖获得者麦克法兰·博纳特先生认为，这是我们时代"最明显的医学特征之一"，那就是"作为先进治疗手段和化学物质生产的副产品——诱变剂，越来越多地突破了人体屏障"。

对人类染色体的研究尚处于初级阶段，环境对染色体影响的研究刚刚变得可能。直到1956年，人类才确定了人体细胞的染色体数量是46条，我们刚刚能观察到染色体及其片段是否存在。

环境中的某些因素可以损害基因还是一个相对较新的概念，而且
除了遗传专家外，很少有人理解这点，专家们的意见自然受到了
冷落。时至今日，辐射的各种危害已经为人所熟知——尽管有些
地方仍在竭力否认。不光是政府的决策者，还有很多医学界的人
都拒绝接受遗传原理，这常常令缪勒博士感到遗憾。公众以及众
多的资深医学专家、科技人员都很少知道化学品与辐射的危害是
类似的。正是这个原因，许多化学品尚未得到评测，就得到了广
泛地使用（而不是用于实验室的实验），但评测是绝对必要的。

　　不只麦克法兰一人预想到了潜在的危险，英国一位权威人士
皮特·亚历山大博士说，类放射化学物质的危害可能比辐射还要
大。缪勒博士根据数十年的遗传学报告，提出警告："各种化学
品（包括杀虫剂）跟辐射一样会增加基因突变的频率……现代条
件下，我们频繁接触异常化学品，人类基因存在突变的倾向。"

　　人们对化学诱变剂的普遍忽视，可能是因为最初发现的几种
仅用于科学研究的缘故。毕竟，氮芥并没有洒向所有人，而是被
生物学家用于实验或者医生用来治疗癌症（最近有报告提到，接
受癌症治疗的病人的染色体受到损伤），但是，大多数人却正与
杀虫剂和除草剂密切接触。

　　尽管人们对这个问题关注不多，但是我们仍然可以从许多"灭
害剂"案例中收集到信息，证明它们破坏了细胞的重要机能：从
染色体损伤到基因突变，最终导致细胞发生癌变。

　　几代蚊子接触DDT后，会变成一种奇怪的生物——雌雄同体。
苯酚处理过的植物，其染色体会遭到破坏，基因发生变化，出现
大量突变和"不可逆的遗传变化"。接触过苯酚之后，基因经典

实验对象——果蝇，会发生基因突变；如果接触常见的除草剂或尿烷后，果蝇剧烈的基因突变可能致其死亡。尿烷属于氨基甲酸酯类化学品，很多杀虫剂以及其他农药都是用这类化学品制成的。有两种氨基甲酸酯类化学品用来防止储藏的土豆发芽，因为它们可以阻止细胞分裂。另一种防止发芽的化学品——马来酰肼已经被认定为危险的诱变剂。

用六氯联苯（BHC）或林丹处理过的植物，其根部会出现肿块儿。它们的细胞会肿胀变大，因为内部的染色体数量已经翻倍了。随着细胞的不断分裂，染色体会继续复制，直到细胞不再分裂。

除草剂 2.4-D 也会使植物根部长出瘤子一样的肿块。染色体会变短、增厚，并聚拢在一起。细胞分裂被严重阻滞了。据说，这种危害与 X 射线的照射效果一样。

这些仅是一部分而已，还有很多例证可以援引。然而，至今仍没有旨在检测杀虫剂诱变后果的综合研究。上面所提到的例子只是细胞生理学或遗传学研究的附带结果。最紧迫的就是要对其进行直截了当的研究。

有些科学家虽然承认环境辐射对人类的危害，却怀疑化学诱变剂是否具有相同效应。他们列举了辐射的强大穿透力，但不认为化学品会渗透进生殖细胞。这是因为我们缺乏对人类自身的直接研究。然而，鸟类和哺乳动物生殖腺和生殖细胞中出现的大量 DDT 残留就是一个强有力的证据，至少可以证明氯化烃不仅遍及全身，而且与遗传物质亲密接触。宾夕法尼亚州立大学的教授大卫·戴维斯，发现一种在癌症治疗中有限使用的强力化学品可以阻止细胞分裂，并造成鸟类不孕。不足以致死的化学品会造成生殖腺里的细胞停止分裂。戴维斯教授的野外试验也取得了一些成果。显然，我们没有任何理由相信所有生物的生殖腺会免受化学品的侵害。

最近关于染色体异常的医学研究体现出了重大意义。1959年，英法两国独立的调查小组得出了相似的结论——人类的某些疾病是由染色体数量异常引起的。研究人员发现某些疾病和畸形的人的染色体数量都不正常，通常所说的唐氏综合征患者，其细胞内就多了一条染色体。有时候，这条染色体会附着在另一条上，因此总数还是46条。一般情况下，多余的一条是独立存在的，因此染色体的数量是47条。这些疾病的原因要追溯到上一代人。

美国和英国的慢性白血病患者身上出现了一种异常机制。他们的血细胞中的染色体出现了异常情况，因为缺少了染色体的某些部分。这些病人皮肤细胞的染色体是正常的。这就说明，染色体缺陷并不是在生殖细胞中发生的，而是会对人体的特定细胞（在本例中，首当其冲的是血细胞）造成损害。染色体的部分残缺可能导致这些细胞失去了正常行为的"指令"。

自从开辟了这一研究领域，与染色体异常相关的身体缺陷增长迅猛，已经超出了医学研究的范畴。克氏综合征就与一条染色体的复制有关。患者为男性，有两条X染色体（变成XXY，而不是正常的XY），所以总会有些不正常：常常出现身体过高、智力缺陷和不孕不育等症状。相比较而言，如果一个人只收到一条性染色体（成为XO，而不是正常的XX或者XY），虽然是女性，但是会缺少很多第二性征。这种情况，患者通常伴有身体（有时候智力）缺陷，因为X染色体必定包含各种特征的基因。这种疾病叫作特纳综合征。在人们发现这两种病症的原因之前，医学文献中早就有记载了。

　　不同国家的人正在研究染色体异常的领域勤奋工作。由克劳斯·帕托博士带领的威斯康星大学研究组，一直关注各种先天畸形，通常包括智力缺陷。这可能是由于染色体只进行了部分复制引起的，好像是在生殖细胞的复制过程中，一条染色体断裂后，碎片没能精确地进行分配。这种缺陷很可能影响胚胎的发育。

　　根据现有知识，一条完全多余的染色体通常是致命的，因为它会威胁胚胎的生存。目前，据我们所知胚胎可以存活有三种情况，其中一种是唐氏综合征。基因中多余的这个片段，虽然会造成严重损伤，但不一定致命。据一些威斯康星的研究人员说，这种情况可以合理解释大量案例中为什么一些孩子一出生就有多种缺陷，通常包括智力低下等情况。

　　这是一个全新的研究领域，目前科学家研究的重点是染色体异常与疾病和缺陷的关系，还没有机会探究其具体原因。如果认定单一物质就可以造成细胞分裂过程中染色体的破坏或行为异常，无疑是愚蠢的。但是，现在环境中充斥着直接攻击我们染色体的化学品，它们可以造成上述病症，难道我们应该对此视而不见吗？为了使土豆保存完好或院子里没有蚊子，这样做的代价是不是有些高呢？

　　我们的遗传基因，是细胞质经历了20亿年的进化和选择的结果，它们由祖先传给我们，暂存在我们这里，之后我们还要传给子孙。只要我们愿意，一定能够减少对遗传基因的威胁。我们现在所做的仅是杯水车薪。尽管法律规定化学品生产商要检验产品的毒性，但并没要求检验化学品对基因的影响，所以他们不会这么去做。

# 第十四章　四分之一的概率

生物抗癌斗争史源远流长，其源头早已湮没在历史长河中了。但是，好也罢坏也罢，它必定发端于自然环境中，受到了太阳、风暴和地球古老自然因素的影响。环境中的因素会制造一些灾难，生物不是适应，就是灭亡。太阳的紫外线会引发恶性肿瘤，同样，某些岩石的辐射、土壤或岩石冲刷出来的砷污染了食物或水源，也会引起某些疾病。

这些危险的元素早在生命出现之前就存在了，然而，生命还是顽强地出现了，经过了数百万年的进化，形成了数量繁多、种类丰富的物种。在自然缓慢的演进过程中，不能适应的物种遭到淘汰，最顽强的存活下来，生命与自然的破坏力量达成了一种适应。天然的致癌物质仍然能引发恶性病变，但是由于它们数量很少且早已存在，所以生命自从开始就适应了这些破坏力。

随着人类的出现，情形开始转变，因为在所有生物中，只有人类才能够创造致癌物。其中几种致癌物已经在环境中存在了几个世纪，含有芳香烃的烟尘就是一个例子。随着工业时代的来临，世界发生了持续加速的变化，很多化学和物理产品应运而生，它们都能诱发某些生理变化。对于自己亲手创造的这些致癌物，人类没有任何防护措施。人类的生物学遗传性进化得十分缓慢，所以对新条件的适应也是极其迟缓的。因而，这些强致癌物能轻易地突破人类自身脆弱的防线。

癌症这种疾病非常古老，但是我们对于癌症诱因的认识却十分迟缓。大约两个世纪以前，伦敦的一名医生才发现外部或环境因素能导致恶性肿瘤的发生。在 1775 年，波西瓦·帕特先生宣布，扫烟囱的清洁工中高发的阴囊癌，一定是由他们身上的烟灰引起的。当时他还无法提供我们要求的"证据"，但是现代科学技术已经分离出了烟灰中的致癌物，证明了他的感觉是正确的。

在帕特发现之后的一个世纪或更多的时间内，人类对癌症的认识一直止步不前，并没有认识到环境中的一些化学品经反复的皮肤接触、吸入或者吞食能够致癌。尽管如此，也有人注意到在康沃尔和威尔士炼铜厂和铸锡厂工作的工人，由于长期接触含砷烟雾，易发皮肤癌。人们也发现，在萨克森州的钴矿和波西米亚省约阿希姆斯塔尔的铀矿工作的工人会患上一种肺病，后来确诊是癌症。但这只是前工业时代的现象，工业繁荣后，各种化学品充斥着世界的各个角落。

19 世纪最后的 20 多年里，人们才认识到恶性病变始于工业时代。当时，巴斯德正在努力证明微生物是许多传染病的根源，而其他人正探索造成萨克森新型褐煤和苏格兰页岩产业工人皮肤癌的原因，还有工作中接触柏油和沥青引发的其他癌症。到了 19 世纪末，人类已经发现了 6 种致癌物；而到了 20 世纪，无数的致癌化学品被创造出来，并与普通人密切接触。在帕特的研究之后不到两个世纪的时间内，环境发生了巨大的变化。危险不再局限在职业人员身上，它们已经进入了每个人的生活，甚至包括未出生的婴儿。因此，现在有如此多的恶性疾病也就不足为怪了。

恶性病的增加并不是人们的主观印象。1959年7月，人口统计局的月报上说，恶性疾病的增加（包括淋巴和造血组织）造成死亡的人数占1958年死亡总人数的百分之15，而1900年仅为百分之4。根据目前的发病率，美国癌症协会估计现有人口中有4500万人最终会身患癌症。这就意味着，三分之二的家庭将会遭殃。

而儿童的情况更加令人担忧。25年前，儿童得癌症的很少。如今，死于癌症的儿童比其他任何疾病都多。情况已经变得非常糟糕，所以波士顿市成立了一家专门儿童癌症医院。1岁到14岁的死亡儿童中，死于癌症的占百分之12。在不到5岁的儿童中，出现了大量恶性肿瘤。但更令人恐惧的是，很多刚出生或者未生的小孩已经出现了肿瘤。国家癌症研究所的休伯博士是环境致癌研究的权威。他认为，先天性癌症和婴儿患癌可能与母亲怀孕期间接触致癌物质有关，这些物质进入胎盘后，危害成长中的胚胎组织。实验也证明，接触致癌物质后，体形较小的动物更容易患癌。佛罗里达大学的弗朗西斯·雷警告说："在食物中添加化学品会导致儿童患癌……可能在一两代人之后，我们都不知道会发生什么……"

应该关心的是，我们用来控制自然的化学品是否会直接或间接致癌。从动物实验得到的证据看，有五六种杀虫剂应该被认定为致癌物。如果加上一些医生认为的可以导致白血病的化学品，这份名单会更长。这些证据都具有偶然性，因为我们不可能在人的身上做实验，但是结论却相当震撼。如果加上那些导致活体组织和活性细胞间接致癌的化学品在内，还有很多杀虫剂将会加入这个名单。

含砷杀虫剂是最早被发现与癌症有关的化学品之一，比如用作除草剂的亚砷酸钠和用来杀虫的砷酸钙和其他化合物。人类与动物的癌症与砷的关系由来已久。休伯博士在他的专题著作《职业肿瘤》中提到了接触砷的后果。近1000年来，西里西亚地区雷切斯坦市一直是金、银矿的重要产区，砷矿也开采了几百年的时间。几个世纪以来，砷矿废料堆积在矿井周围，被山上冲下来的溪流带走，地下水源受到了污染。几个世纪以来，当地很多居民遭受"雷切斯坦病"的折磨——慢性砷中毒，症状为肝、皮肤、消化系统和神经系统紊乱。这种疾病也常常有恶性肿瘤的伴随。这种病已经成为了历史，因为大约20多年前，这里已经换了饮用水，水里不含砷了。然而，在阿根廷的科尔多瓦省，伴有皮肤癌的慢性砷中毒仍很严重，因为取自岩层的饮用水中含砷。

长期坚持使用砷杀虫剂很容易形成类似雷切斯坦和科尔多瓦的情况。在美国烟草种植区、西北部果园和东部蓝莓产区都使用含砷药剂，很容易对供水造成污染。砷污染不仅伤害人类，还会影响动物。1936年，德国发表了一份重要的报告。在萨克森州的弗莱堡市，银、铅熔炉向空中喷出大量含砷的烟尘，随风飘向周围的村庄，最后落在了植物上。据休伯博士说，马、牛、山羊和猪一定吃了这些植物，因为它们身上出现了脱毛和皮肤加厚的状况。附近森林里的鹿则出现了异常色斑和癌症前期的疣，其中一只已经很明显患上了癌症。所有受影响的家畜和野生动物都得了"砷肠炎、胃溃疡和肝硬化"。圈养在熔炉附近的羊患上了鼻窦癌。它们死后，在大脑、肝脏和肿瘤中检测出了砷。这个地区的昆虫也大量死亡，尤其是蜜蜂。下过雨后，含砷粉尘被雨水冲进了溪流和池塘，造成了大量鱼的死亡。

广泛用于治理螨和扁虱的一种新型有机杀虫剂也属于致癌物。历史经验充分证明，尽管存在相关法律，但是由于法律程序的迟缓，在政府行动之前，公众已经被迫接触致癌物好几年了。这个故事从另一个角度看又是耐人寻味的，今天劝说公众接受的"安全"事物，明天可能就会变得非常危险。

1955年，这种化学品上市的时候，生产商曾为它申请了一个限值，即允许农作物带有少量残留。根据法律要求，他们在动物身上做了实验，并把实验结果一起交了上去。但是，食品和药物管理局的科学家认为这种产品有致癌的风险，所以，该局局长建议实行"零容忍"，也就是说州际贸易食品不能含有任何药物残留。但是，生产厂商是有权进行上诉的，于是此案交由委员会定夺。最后，委员会做出了一个折中的决定：允许百万分之1的残留。另外，产品可以先出售两年以观后效，同时对此进行实验研究。

虽然委员会没有明说，实际上就是把公众当成了豚鼠，跟狗和老鼠一样，被用来进行实验。但是，动物实验很快就出了结果，两年后，这种除螨剂也被确认为致癌物。但是到了1957年，食品和药物管理局仍未能撤销除螨剂的限值，致癌物质得以继续污染公众的日常食物。各种法律程序又耽误了一年，直到1958年12月，局长建议的"零容忍"才得以实行。

　　这些绝不是杀虫剂中仅有的致癌物。实验室进行的动物实验中，DDT引发了疑似肝脏肿瘤。发现这些肿瘤的食品和药物管理局的科学家不知道如何对此进行归类，但是隐约感到应该把它们定为"低级肝癌细胞"。现在，休伯博士明确地把DDT定为"化学致癌物"。

　　人们已经发现了属于氨基甲酸脂类的两种除草剂IPC和CIPC可以引起老鼠皮肤肿瘤，其中有些是恶性的。这些化学品先引起恶性病变，然后由环境中的各种化学品共同作用完成。

　　除草剂氨基三唑引起了实验动物的甲状腺癌。1959年，一些蔓越橘种植户误用了这种化学品，导致一些待售的浆果上含有这种药物残留。食品和药物管理局没收这些受污染的水果后，很多人不相信这种化学品会致癌，其中包括很多医学界人士。该局用事实说话，发布了实验老鼠喝了氨基三唑患癌的研究。这些老鼠喝的水是浓度为百万分之100的氨基三唑（一万勺水中加入一勺氨基三唑），到第68周时，老鼠就患上了甲状腺肿瘤。两年后，超过一半的实验用鼠都出现了肿瘤，有良性的，也有恶性的。即使小剂量的喂食也会引发肿瘤——实际上，任何剂量都会产生影响。当然，没人知道多大剂量的氨基三唑会使人类致癌，但是哈佛大学的医学教授大卫·鲁茨坦已经指出，致癌剂量依赖于人类身体对它的敏感程度。

　　到目前为止，还没有充分的时间弄清楚新型氯化烃杀虫剂和除草剂的全部效应。大部分恶性疾病发展得都非常缓慢，需要将患者的一生分割开来，才能找出临床症状的节点。在20世纪20年代早期，在给钟表转盘涂上发光数字的妇女使用刷子时不小心碰到了自己的嘴唇，摄入了少量的镭。15 年或更长时间后，其中一些妇女患上了骨癌。工作中接触化学物质的人，在 15 年到 30 年后，甚至更长时间之后，才会发现得了癌症。

与产业工人接触致癌物质的悠久历史相比，军人在 1942 年才首次接触 DDT，而普通居民的遭遇是从 1945 年开始的。直到 50 年代，林林总总的化学品才投入使用。这些化学品播下的恶毒之种正在生根发芽，后果还未显现。

虽然大部分恶性病变的潜伏期都很长，但是，有一个例外——白血病。在原子弹爆炸三年后，广岛的幸存者们就患上了白血病，所以我们有理由相信其潜伏期可能非常短。也许其他癌症的潜伏期也相对较短，但是截至目前，白血病是发病缓慢的癌症中的例外。

随着杀虫剂的盛极一时，白血病患者逐渐增多。国家人口统计局的数据清楚地表明造血组织病变正急剧增加。1960 年，仅白血病就造成了 12290 人死亡。1950 年，死于血液和恶性淋巴肿瘤的患者为 16690 人，到了 1960 年猛增至 25400 人。1950 年，每 10 万人的死亡人数为 11.1 人，到了 1960 年增加至 14.1 人。死亡增加并不局限于美国，各个国家死于白血病的人数正以每年百分之 4 到百分之 5 的速度增加。这意味着什么呢？人类日益频繁接触的致命化学品是什么呢？

像梅奥医院这样世界著名的机构已经确认有数百名患者死于这种造血组织疾病。血液科的马尔科姆·哈格雷夫斯博士以及他的同事报告说，这些病人曾经接触过多种有毒化学品，包括 DDT、氯丹、苯、林丹以及石油蒸馏液等各种喷剂。

　　哈格雷夫斯博士认为，与使用有毒物质有关的环境性疾病一直在增加，"尤其是在最近 10 年里"。根据丰富的临床经验，他总结道："大部分患有血质不调和淋巴疾病的人都曾长期接触各种烃类化合物，而今天的大部分杀虫剂都属于这类化学品。只要仔细研究病历总会发现这样的联系。"他现在掌握了大量的详尽病例，这些都是他诊治过的病人，他们的病症包括白血病、再生障碍性贫血、霍奇金病以及造血组织紊乱等。他说："他们都曾大量接触过这些致癌物质。"

　　这些病例说明了什么呢？拿一个讨厌蜘蛛的妇女为例。8 月中旬，她进入了地下室，手里拿着含有 DDT 和石油蒸馏液的喷雾器，对整个地下室喷了一次药，楼梯下、水果柜、天花板和椽子上的所有角落都喷了一遍。喷完后，她立即感到很不舒服，恶心、烦躁、极度紧张。过了几天，她感觉好些了。然而，她明显没有意识到发病的原因，所以她在 9 月份又喷了一次。喷药，生病，暂时恢复，再次喷药，就这样经历了两次循环。在第三次喷药的时候，她出现了新症状：发烧、关节疼、浑身不适，一条腿也得了静脉炎。经哈格雷夫斯博士检查后，发现她得了急性白血病。一个月后，她就死了。

　　哈格雷夫斯博士的另一位病人是一名职员，他的办公室就坐落在一栋陈旧的楼里，时常会有蟑螂出没。这令他烦恼不已，于是他决定亲手置蟑螂于死地。在一个星期天，他花了大半天的时间把整个地下室喷了一遍药，犄角旮旯里都喷得严严实实。他使用的是浓度为百分之 25 的 DDT，溶解在甲基萘溶液里。很快，他的身上出现了瘀青，并开始出血。他带着满身的伤口进入了血液科。经检测分析，他患上了严重的骨髓衰退症——再生障碍性贫血。在之后的五个半月里，他输了 59 次血，还有其他的辅助治疗。他在一定程度上恢复了健康，但是大约 9 年后，又患上了致命的白血病。

在一些病例涉及的化学品中，出现次数最多的杀虫剂是 DDT、林丹、六氯联苯、硝基酚、防蛾晶体对二氯苯、氯丹，以及它们的溶剂等。正如这位医生所强调的一样，单纯地接触一种化学品只是个案，而不具有普遍性。农药产品通常包含多种化学物质，这些化学物质会溶于石油蒸馏液，再加上一些分散剂。含有芳香烃和不饱烃的溶剂本身就可能损害造血器官。从使用角度而不是医学角度看，这些区别并不重要，因为这些石油溶剂是平时喷药不可或缺的一部分。

美国和其他一些国家的医学文献都记载着很多病例，都可以支持哈格雷夫斯博士的观点，那就是这些化学品与白血病及其他血液病之间存在因果关系。患者包括各类普通群众：被自己的喷药设备或飞机喷药伤害的农民；为了消灭蚂蚁而喷药，却继续待在书房攻读的大学生；一个在家里装了便携式林丹加湿器的妇女；在喷过氯丹和毒杀芬的棉地里工作的工人等。在医学术语的背后，隐隐约约地透露出很多悲剧。前捷克斯洛伐克的两位表兄弟，生活在同一个镇子里，经常一起玩耍，一起干活。他们生前干的最后一份工作是在一个农场里合伙卸下成袋的杀虫剂（六氯联苯）。8 个月后，其中一个男孩得了急性白血病，9 天后就死了。此时，他的表弟也开始出现疲劳和发烧的症状，3 个月不到病情就开始恶化，随后也被送往医院。经诊断，这位表弟也得了急性白血病，最终，病魔夺走了这个人的生命。

瑞典一位农民的经历，让人想起日本渔夫久保山驾着"福龙号"渔船捕鱼的故事。跟久保山捕鱼为生一样，这位健康的农民靠种地过活。但是天空飘来的毒素判了他的死刑：一种是放射性烟尘，另一种是化学粉尘。这个人在大约60英亩的土地上使用了含有DDT和六氯联苯的粉剂。就在他喷洒的时候，阵阵微风掀起了药粉，把他团团围住。隆德市医院记载："晚上的时候，他感到疲惫不堪。在之后的几天里，他总是感觉很虚弱，并且背疼、腿疼、浑身发冷，只能在床上躺着。他的病情日益恶化，尽管如此，到了5月19日（喷药一周后）才申请去当地医院住院。"他高烧不退，血细胞水平也不正常。然后，他被送到了内科诊室，在挨过两个半月后死了。尸检结果发现他的骨髓已经完全萎缩了。

细胞分裂这种本来正常而必要的过程怎么突然变得异常而有害了呢？这个问题备受科学家的关注，也耗费了大量的资金。细胞内部发生了什么，把有序增长的细胞变成了疯狂增生的癌症呢？

答案肯定是多种多样的。因为癌症本身就形式多样，它的病源、发病过程、生长和退化的控制因素都有所不同，所以原因肯定复杂多样。但是，在众多表象之下，癌症只是几种细胞的基本损伤。世界各地都在进行研究，有的甚至不是癌症研究，但是从这些零散的研究中，我们仍然能看到一丝解决问题的曙光。

我们再次发现，只有观察生命的最小单位——细胞和染色体，才能获得更广阔的视野来穿越重重迷雾。在这个微观世界里，我们必须找到使细胞神奇的运行机制变得异常的因素。

　　癌细胞起源的理论有多种，其中最受人关注的理论之一是德国马克思普朗克细胞生理学研究所的生化学家奥托·沃伯格教授提出的。他一生致力于细胞内部氧化过程的研究。凭借丰富的背景知识，他清晰地解释了正常细胞癌变的过程。

　　沃伯格认为，不论是辐射还是化学致癌物，都是从破坏细胞的正常呼吸开始的，这样就使细胞失去了能量。反复小剂量接触这些物质，就会导致细胞呼吸受到抑制，一旦造成影响，就无法恢复。没有被毒素杀死的细胞会努力补充失去的能量，但是，这些细胞不能进行神奇有效的循环来生产大量的 ATP 了，它们不得不采用原始低效的方法——发酵。这种通过发酵求生存的模式会持续很长时间。后来的细胞分裂会延续这种呼吸方式。

　　就这样，一旦细胞失去了正常的呼吸能力，就很难恢复，1 年、10 年甚至更长时间都无法恢复。但是，幸存的细胞为了补充失去能量要进行持久的斗争，就会用加大发酵的方法来维持生存。这是一场达尔文式的斗争，只有适应能力最强的细胞才能生存下来。最后，细胞内的发酵作用完全能够取代呼吸作用来提供能量。此时，正常的细胞也就变成了癌细胞。

　　沃伯格的理论能够解释其他很多令人迷惑的问题。大部分癌症之所以潜伏期很长，是因为在细胞的呼吸作用首次遭到破坏后，发酵作用的缓慢增加需要进行无数次的细胞分裂。物种不同，发酵作用的速度也不相同，因而所需时间也长短不一。老鼠所需时间较短，癌症会很快出现；人类的时间很长（可能需要几十年），病情发展得十分缓慢。

　　沃伯格的理论还解释了为什么重复小剂量接触比一次性大剂

量触及更加危险。后者可以直接杀死细胞，而小剂量接触后，一些细胞会在受损的情况下存活下来。幸存的细胞最终会发展成癌症。这就是为什么不存在致癌物质"安全"与否的原因。

根据沃伯格的理论，我们还可以解释另一种难以解释的现象——同一种元素可以用来治疗癌症，也可以引发癌症。大家都知道，辐射就是这样一种物质，它能杀死癌细胞，也能引起癌变。很多用于治疗癌症的化学品也是如此。为什么会这样呢？这两种方式都会破坏呼吸作用。癌细胞的呼吸作用已经受到破坏，所以再增加一点儿辐射，它就死了。正常细胞的呼吸作用第一次遭到破坏，虽然不会立刻死亡，但已经走上了通往癌变的路。

沃伯格的观点在1953年得到了证实，其他研究人员通过长期而间歇性地停止供氧，把正常的细胞转化成了癌细胞。1961年，他的理论再次得到了证实。这次是通过活体动物证明的，而不是人工培养的组织。在患癌老鼠体内注入放射性追踪物质后，仔细检查后发现细胞的发酵作用明显超出正常水平，与沃伯格的预测相一致。

根据沃伯格确立的标准，大部分杀虫剂都能致癌。正如我们在前一章提到的，很多氯化烃、苯酚和一些除草剂都会破坏细胞的氧化和能量产生机制。这些化学品通过这些机制，创造出休眠细胞，里面蛰伏着不可逆转的恶性病变，也无法检测——直到有一天，病因被彻底遗忘，甚至不被怀疑的时候——它们会突然爆发，癌症就出现了。

染色体可能是通往癌症的另一条途径。这个领域的很多著名专家对于一切破坏染色体、干扰细胞分裂或引起突变的因素都充满怀疑。他们认为任何突变都可能是癌症的潜在诱因。尽管突变理论更多涉及的是生殖细胞，可能未来几代人才会感到它的威力，但是身体细胞也存在突变。根据癌症起源的突变理论，受了辐射或者化学品影响的细胞会发生突变，进而使其分裂并脱离身体的控制。因此，它可以无规律、无限制地增殖。通过这种分裂生成的新细胞也具备逃脱控制的能力，假以时日，它们就会累积成癌症。其他研究人员指出，癌组织中的染色体是不稳定的，它们容易断裂或受损，数量也不稳定，甚至可能出现两套染色体。

　　首次发现染色体异常与恶性病变联系的是艾伯特·莱文和约翰·波塞尔，他们俩都在纽约的斯隆凯特林研究所工作。关于恶性病变与染色体变异哪个先出现，他们毫不犹豫地认为，"染色体变异早于恶性病变"。也许他们推测，在染色体开始受到损伤并出现不稳定情况后，在很长一段时间内很多代细胞都会进行反复试验和试误（恶性病变的漫长潜伏期），在此期间会发生各种突变，导致细胞脱离控制，并开始无规律地增殖——这就是癌症。

　　欧基维德·温格是染色体变异理论的早期支持者之一。他认为染色体倍增的情况尤为值得注意。经过反复观察，人们发现六氯联苯及其同类化学品林丹会使实验植物的染色体数量翻倍，而这些化学品又恰恰与很多记录在案致命的贫血症病例有关，这是巧合吗？其他干扰细胞分裂的杀虫剂会不会破坏染色体、引起突变呢？

　　为什么白血病是辐射或者类辐射化学品导致的最常见疾病，这个问题不难理解。这是因为物理或者化学诱变因素的主要目标是分裂活跃的细胞，其中主要包括各种组织，但最主要的是造血组织。骨髓是红细胞的主要制造器官，它每秒向血液输送超过1000万的新细胞。白血球形成于淋巴腺和一些骨髓细胞中，其速度不定，但也快得惊人。

一些化学品跟锶90类似的放射性物质一样，与骨髓病变密切相关。苯常用作杀虫剂的溶剂，它会进入骨髓，并在那里存留长达20个月的时间。很多年以来，医学文献就把苯列为导致白血病的一个病因。

儿童体内组织生长迅速，也给病变细胞提供了适宜的环境。麦克法兰·伯奈特先生曾指出，白血病不仅在世界范围内增长，而且已经成为了包括三四岁儿童在内的常见疾病，其他疾病在这个年龄阶段没有如此高的发病率。伯奈特先生说："三四岁的儿童成为发病高峰阶段只有一种解释——在出生前后接触了诱变物质。"

另一种能够引发癌症的物质是尿烷。怀孕的母鼠接触尿烷后，它们和幼鼠都会患上肺癌。尿烷一定是进入了母鼠的胎盘中，因为实验幼鼠唯一接触过尿烷是在出生前完成的。正如休伯博士所警告的那样，如果人类接触了尿烷或相关化学品，婴儿也可能因为产前接触而出现肿瘤。

属于氨基甲酸脂类的尿烷与除草剂 IPC 和 CIPC 化学性质类似。尽管有癌症专家的警告，氨基甲酸脂类仍广泛应用于杀虫剂、除草剂、除菌剂，以及塑化剂、药品、衣物、绝缘材料等各种产品。

通向癌症的路并不一定就是"康庄大道"。一般情况下不会引发癌症的物质，也可能破坏身体某部分的机能，导致恶性病变。

尤其是生殖系统的癌症，好像与性激素失衡有关；相应地，失衡可能是由于某些因素导致无法由肝脏保持性激素平衡能力而导致的。氯化烃类产品就具有这种能够间接致癌的作用，因为它们在一定程度上都能对肝脏造成损伤。

当然了，性激素在体内保持正常水平，而且它们在促进生殖器官发育方面起着重要作用。但是，我们身体存在一种内在机制，肝脏会控制雄性激素和雌性激素的平衡（这两种激素同时存在于两性体内，只是数量上有所不同），以避免其中一种积累过多。但是，如果肝脏受到疾病或者化学品的损伤，或者复合维生素 B 供应不足的话，肝脏就不能发挥作用了。在这种情况下，雌性激素就会超出正常水平。

后果将会如何呢？至少我们在动物实验中找到了充分的证据。洛克菲勒医学研究院的一名研究人员发现，因疾病肝脏受损的兔子子宫肿瘤的发病率很高，可能是因为肝脏不能再抑制血液中的雌性激素，所以它们"上升到了致癌的水平"。对小鼠、大鼠、豚鼠和猴子的多项试验表明，雌性激素的长期主导作用（不一定数量很多）能引起生殖器官组织的变化，"从良性过度增殖到恶性病变"。过多的雌性激素也会使仓鼠患上肾肿瘤。

虽然医学界对于这一问题存在争议，但大量证据表明人类组织也可能出现类似的效应。迈吉尔大学皇家维多丽亚医院的研究人员发现，在他们研究过的 150 例子宫癌病例中，有三分之二的患者有雌性激素异常增高的现象。在后来研究的 20 个病例中，百分之 90 存在雌性激素过于活跃的情况。

可能肝脏已经受到了损害，而无法控制雌性激素的水平了，但是现有医学技术却检测不出来。正如我们所知，氯化烃就能轻易导致这种状况，小剂量摄入氯化烃会引起肝脏细胞的变化，还能造成维生素 B 的流失。这点非常重要，因为有很多证据显示维生素 B 具有抗癌作用。斯隆凯特林癌症研究院原院长罗兹发现，给动物喂食酵母后，即便接触强力致癌化学品，它们也不会得癌症。酵母中含有丰富的天然维生素 B。缺乏维生素可能会导致口腔癌和消化道癌症。不仅在美国，在瑞典和芬兰两国的北部地区也有类似的情况，因为那里人们的饮食中缺少维生素。营养不良的人群容易患原发性肝癌，如非洲的班图部落。非洲部分地区多发男性乳腺癌也与肝病和营养不良有关。战后，希腊常见的男性乳房增大现象也与饥饿有关。

简单说来，杀虫剂能够损伤肝脏并减少维生素 B 的供应，导致体内自生的雌性激素增多，进而间接引发癌症。除此之外，我们还会越来越多地接触到各种合成雌性激素——普遍存在于化妆品、药品、食物以及相关行业中。

人类与化学品（包括杀虫剂）接触是不可控制的，其接触形式也是多种多样的。一个人可能会通过多种方式触及同一化学品。砷就是一个例子，它以不同的形式在人类的生活环境中出现：空气污染物、水污染物、食品药物残留、药品、化妆品、木材防腐剂以及油漆或墨汁染料等。只与其中一种接触还不足以引起病变，但由于多种化学品"安全剂量"的积累，任何一次单独接触都有可能超过承受的限度。

两种或两种以上不同的致癌物质会同时起作用，它们的效应还会叠加在一起。比如，一个人接触了 DDT，几乎必然还会接触其他损伤肝脏的化学品，如广泛使用的溶剂、脱漆剂、脱脂剂、干洗液以及麻醉剂。那么，DDT 的"安全剂量"又该是多少呢？

一种化学品可能影响另一种化学品的特性，这就使情况变得更复杂了。有时候两种化学药剂共同作用才能引发癌症，其中一种使细胞或组织变得敏感，然后在另一种化学品或催化剂的作用下，使细胞发生真正的病变。这样，除草剂 IPC 和 CIPC 就充当了皮肤癌的急先锋——它们埋下了病变的种子，然后坐等同伙的到来——可能只是普通的清洁剂。

物理元素和化学元素之间也存在相互作用。白血病可经两个过程形成：X 射线引发作用和化学品的促进作用完成，例如尿烷。人类受到的辐射日益增多，再加上与各种化学品频繁接触，构成了现代社会的一个新的严峻问题。

放射性物质对水源的污染也是一个问题。这些物质作为污染物出现在水里，同时水里还有大量其他的化学物质，它们可能通过电离作用改变化学品的特性，使原子重新排列，从而创造出新的化学品。

全美国的水污染专家都在担心清洁剂污染公共水源的问题，目前还没有清除它们的办法。有些清洁剂可能会间接致癌，它们会作用于消化道的内壁，改变组织使其更容易吸收危险的化学品，进而加快致癌效应。但是，谁能预见并控制这种作用呢？具体条件瞬息万变，除了零剂量还有致癌物的"安全"剂量吗？

我们正冒险忍受着环境中的各种致癌物质，近来的一个发现就是很好的例子。1961 年春天，很多联邦、州和私人的孵化场里，大量虹鳟鱼患上了肝癌。美国东部和西部的鳟鱼都受到了影响——在一些地区，几乎所有 3 岁的鳟鱼都患上了肝癌。为了尽早发现人们致癌的水污染，国家癌症研究所环境癌症科与鱼类和野生动物管理局预先达成了检测鱼类肿瘤的协议，这才发现了情况。

虽然对肝癌爆发的原因仍在研究中，但是最有力的证据指向了加工好的鱼类饲料中的某种成分。这些致癌物除了基本食物外，还包括各种化学添加剂和药物。

从很多角度看，鳟鱼的故事很重要，但最主要的是它证明了强力致癌物会带来什么。休伯博士认为癌症多发是一个严重警告，人类必须控制环境致癌物的数量和种类。"如果不采取预防措施，人类很快就会经历类似的灾难。"休伯博士说。

正如一位研究人员所形容的，我们生活在一个"致癌物的海洋里"，这不免令人沮丧甚至感到绝望。大部分人的反应是："这不是无可救药了吗？清除致癌物质是不可能的吧？别做无用功了，把精力放在研究治疗办法上不是更好吗？"

面对这种问题，休伯博士经过深思熟虑，凭借多年卓越的研究工作并结合其毕生经验，给出了值得尊敬的答案。他认为，我们目前面临的癌症与 19 世纪末人类经历的传染病极为相似。因为巴斯德和科赫的杰出工作，病原生物与许多疾病的关系得到了确认。医务人员和普通群众都知道，人类生存环境中存在大量致病微生物，就像今天致癌物已经遍及我们周围一样。大多数传染病已经控制在了合理范围之内，其中一些已经被彻底消灭。这样的辉煌成就的取得，靠的是严格的预防和有效的治疗两者相结合。尽管在外行人看来是"神奇药丸"和"灵丹妙药"的功劳，但是这场战争中病原体的清除才是决定性的胜利。伦敦的一名医生约翰·斯诺根据疾病发生的地方绘制了一张地图，发现疾病发源于同一个地方，这里的居民都用街上的抽水机取水喝。根据预防医学的要求，斯诺博士立刻拧掉了抽水机的把手。从此，疾病得到了控制——不是神奇的药片杀死了霍乱细菌（当时还不知道），而是把微生物从环境中清除。治愈患者仅是一个方面，铲除病源在治疗方法中一样重要。如今肺结核相对少见，很大程度上是因为人们很少接触到结核细菌。

今天，考虑到世界上众多的致癌因素，休伯博士认为，将全部或者大部分精力投入治疗癌症（假设能找到治愈的方法）可能会失败，因为大量的致癌物质未被清除，它们致病的速度要比无法预料的"治疗"速度快得多。

我们为何迟迟没有采取这种常识性的方法来治疗癌症呢？"与预防措施相比，可能治愈患者更令人兴奋、更富有成效。"休伯博士说。然而，预防癌症形成的思路"绝对是更人道的"，而且"一定比癌症治疗效果更好"。休伯博士从来不相信"早餐前服用一粒药丸就能预防癌症"这类的痴心妄想。人们相信这种方法的部分原因是对癌症的误解，以为癌症虽然神秘却是由单一原因引起的，因而用单一的疗法就能治好。当然，这与真相相去甚远。就像环境性癌症是由多种化学和物理因素引起的一样，病变条件形式多样，生理表现也不尽相同。

当期盼已久的"突破"变成现实的时候，也不是医治各种恶性疾病的灵丹妙药。虽然我们还要继续寻找治疗方法来为患者减轻病痛，但是寄希望于一蹴而就解决问题只会给人类带来伤害，这将是一个缓慢的过程。就在我们把大把金钱撒向研究领域，期望找到治愈癌症患者的疗法时，甚至在寻求治疗时，我们却忽视了预防的黄金机会。

这并不意味着我们对癌症已经无计可施了。与世纪之交的传染病比起来，从重要方面看，前景还是较为乐观的。就像今天到处是致癌物一样，当时满世界都有细菌。但病菌不是人类投放到环境中的，它们传播疾病也是无意的。相反，现代环境中的大部分致癌物是人类自己撒播的，只要人们愿意，就能清除许多致癌物。致癌的化学品是通过两种方式扎根于地球的：第一，最具有讽刺意味的，它是由于人们追求更舒适、更便捷的生活；第二，这些化学品的生产和销售已经成为我们经济和生活方式的一部分，并变得广为接受了。

把所有致癌物从现代生活中清除出去是不现实的，但其中大部分绝不是生活的必需品。把这些不必要的化学品抛弃的话，将大大减少致癌物的总量，也会大大降低人们患癌的风险，现在四分之一的人口面临患癌的危险。我们需要付出最坚定的努力，杜绝致癌物继续污染我们的食物、水源和大气，因为与它们接触最危险——微量接触，但是长年累月地重复着。

癌症研究领域的很多著名专家也与休伯博士一样，认为通过查明环境诱因，清除或减轻其影响，可以显著减少恶性疾病的发生。对于那些潜在或者明确患癌的病人来说，当务之急是继续探寻治疗方法。对于那些尚未患癌以及尚未出生的后代来说，实行预防措施刻不容缓。

# 第十五章　自然的反击

为了按照自己的心意改造自然，我们在所不惜，最后却一败涂地，这真是莫大的讽刺，但这就是我们的处境。虽然很少提及，然而真相显而易见——大自然没那么容易屈服，昆虫已经找到了对付化学攻击的方法。

荷兰生物学家布雷约说："昆虫世界里有自然中最不可思议的现象。在这里，没有什么不可能，看起来最不可能的事在这里都司空见惯了。深入研究昆虫奥秘的人总是被见到的景象弄得目瞪口呆。他知道任何事情都可能发生，即使最不可能的事有时也发生了。"

如今，与昆虫相关的两个方面正发生着"不可能的事"。通过基因选择，昆虫有了抗药性，下一章我们将会谈到这部分内容。需要注意的另一个更广泛存在的问题是，我们的化学战削弱了自然的防线，而正是这样的机制保持着物种的平衡。每当我们破坏这些机制时，就会有大量害虫滋生。

从世界各地的报告来看，我们正身陷图圄。经过了十来年的化学控制，昆虫学家发现早已解决的问题死灰复燃了，而且出现了新的动态，那些数量本来不是很多的昆虫现在却肆虐成灾了。看来，化学控制简直是弄巧成拙，因为当初人们设计和实行计划时并没有考虑复杂的生物系统就盲目出击。使用的化学品可能只在少数物种身上做过测试，但并不是全部生物。

如今，很多地方的人认为，只有在很早以前的简单世界里才存在自然平衡——现在平衡已经完全遭到破坏，还不如忘掉它。有些人觉得这样的想法合乎情理，但是把这种想法当作行动纲领是极其危险的。今天的自然平衡已经不同于更新世了，但是它依然存在。生物间复杂、精确高度统一的关系不容忽视，否则就像站在悬崖边上的人妄图挣脱地球引力一样，必定会受到自然的惩罚。自然平衡并不是恒定的，而是处于一种流动的、变化的、不断调整的状态中。有时候，平衡会对人类有利，有时候又变得对人类有害，而且这种调整经常是由于人类自身的活动引起的。

现代社会昆虫防治计划的设计过程中忽略了两个至关重要的事实。首先，真正有效的昆虫控制应由自然来实施，而不是人类。物种数量是由昆虫学家称为环境制约的一种力量控制的，自生命开始出现就是这样的。食物的数量、天气和气候条件、竞争或猎食者的数量等，都是非常重要的制约因素。"昆虫不会在世界各地泛滥的最重要因素是昆虫内部的互相残杀。"昆虫学家罗伯特·梅特卡夫说。然而，现在使用的大部分化学品会杀死所有昆虫，无论是敌是友都会一扫而光。

第二个被忽略的事实是，一旦制约环境遭到削弱后，一个物种就会以爆炸性的方式迅速繁殖。很多生物的繁殖能力简直超乎我们的想象，尽管我们时常会见识一番。我记得在学生时代，在一个装有干草和水的罐子里加几滴原生动物的培养液就会出现奇迹。几天内，罐子里满是左冲右突的小生命——无数的草履虫，每一个都小如尘埃，在温度适宜、食物充足、没有天敌、暂时的伊甸园里无限繁殖。我也曾见到海边岩石上布满了白色的藤壶，还见到过一大群水母连绵数里的壮观景象：水母如鬼魅般颤动、无边无际，与海洋融为一体。

冬天，当鳕鱼从海洋游到产卵的地方时，我们就能看到大自然的控制作用了。每一只母鱼会产下数百万粒鱼卵，但是海洋里的鳕鱼却不会泛滥。每一对鳕鱼所产的数百万粒鱼卵中，只有一小部分能够长大成为代替父母的大鱼，这就是自然的制约作用。

生物学家们常常会自娱自乐式地设想，如果发生意外灾难，自然的制约遭到破坏，只有一个生物的后代能够存活，这将会是怎样的景象？一个世纪之前,托马斯·赫胥黎曾推测,一只蚜虫(不经交配就可以神奇地繁殖后代)在一年中所产生的后代的重量相当于鼎盛时期中国总人口的重量。

幸运的是，这只是理论上的极端情况，但是研究动物种群的人最了解扰乱自然秩序带来的可怕后果。牧民消灭土狼的热潮造成了田鼠成灾，因为土狼控制着田鼠的数量。亚利桑那州凯巴布高原的鹿是人们耳熟能详的另一个相关案例。鹿群的数量曾经与环境相协调。各种猎食动物（狼、美洲狮、土狼）控制鹿群数量，使它们的数量与食物相适应。但是，人们为了"保护"鹿群，杀死了鹿群所有的天敌。猎食动物消失后，鹿群大量繁殖，很快食物就不够了：低矮的植物被吃光了，它们不断努力吃到高处的树叶，后来饿死的鹿竟然比猎食动物杀死的还要多。另外，由于鹿群疯狂地寻找食物，整个地区的环境也遭到了破坏。

田野和森林中的捕食性昆虫所起的作用与凯巴布高原的狼和土狼一样。杀死它们，其他被捕食的昆虫数量就会猛增。

没人知道地球上到底有多少种昆虫，因为还有很多种类没有确定，但是已知的种类就超过 70 万。这就意味着，从物种上看，百分之 70 到百分之 80 的地球生物是昆虫。大部分昆虫为自然力量所制约，而不是依靠人类干预。如果不是这样，真不知道需要多少化学品或者其他方法才可能控制它们的数量。

问题在于，在昆虫的天敌消失之前，我们几乎不知道自然的保护作用。我们大多数人对此漠不关心，毫不理会它的美丽和奇妙，以及我们周围的那些奇特、数目惊人的生命。人们对猎食性昆虫和寄生虫的活动也了解甚少。可能我们曾经注意到花园里的灌丛上一种形状怪异、姿态凶猛的昆虫——螳螂，却很少了解到它以其他昆虫为食。但是，只要我们在晚上的时候打着手电筒去花园随便逛逛，就会发现螳螂正悄悄逼近它的猎物。这时候，我们就明白了猎食动物与猎物之间的关系，由此，就会感受到大自然自我控制的强大力量。

猎食动物（猎食其他昆虫的昆虫）有很多种类，一些昆虫的动作是非常敏捷的，可以像燕子一样在空中捕获猎物；还有一些昆虫会沿着树干缓缓爬行，沿路吞食像蚜虫这样一动不动的小昆虫。小黄蜂捉到软体昆虫后，会把肉汁喂给幼虫。泥蜂会在屋檐下筑起圆柱状的蜂巢，并在巢里储存昆虫供幼蜂食用。沙黄峰会在牛群上方盘旋，杀死困扰牛群的吸血蝇。常被误认为是蜜蜂的嗡嗡直叫的食蚜蝇，在滋生蚜虫的植物上产卵，这样孵化的幼虫就会吃到大量蚜虫。瓢虫可以有效地消灭蚜虫、介壳虫以及其他食草昆虫。哪怕只要产一次卵，一只瓢虫也需要吃掉成百上千只蚜虫才能点燃能量之火。

寄生昆虫的习性更为特别。它们并不会直接杀死宿主，而是通过各种适应性的变化，利用宿主喂养自己的幼虫。它们会在猎物的幼虫或卵里产卵，这样它们的幼虫就可以直接以宿主为食。有的寄生虫会用一种黏液把卵附着在毛虫身上，孵化的时候，其幼虫就从宿主的皮肤中钻出来。另外一些深谋远虑的寄生虫会本能地把卵产在叶子上，这样觅食的毛虫会在无意间吞食它们的卵。

在田野、灌木篱墙、花园和森林中，到处都是猎食昆虫和寄生虫忙碌的身影。一个池塘的上空，几只蜻蜓飞过，在它们的翅膀上折射出的阳光如火焰般耀眼。它们的祖先曾生活在拥有巨大爬行类动物的沼泽中。如今，它们仍像古时候一样，用锐利的眼睛和像篮子一样的腿在空中捕捉蚊子。在水下，蜻蜓蛹虫捕食水生阶段的蚊子幼虫以及其他昆虫。

草蜻蛉是二叠纪一种古老物种的后代，它们长着绿纱般的翅膀和金色的眼睛，害羞而隐秘，趴在叶子上几乎看不出来。草蜻蛉成虫主要以花蜜的蜜汁和蚜虫为食，它们会把卵产在一根长茎的根部，并把卵与叶子固定在一起。在这里，它们奇特而带刺毛的幼虫——蚜狮降生了。蚜狮靠捕食蚜虫、介壳虫或螨虫为生，它们捉到虫子后会吸干其汁液。在它们吐出白色的丝茧之前，每只草蜻蛉可以吃掉几百只蚜虫。

还有很多黄蜂和蝇类，也是以寄生的方式消灭其他昆虫的卵和幼虫为生。一些寄生于卵的黄蜂非常小，但是由于它们的数量和大量活动，许多破坏庄稼的昆虫数量得到了控制。

这些微小的生物都在工作，不分白天黑夜，不论晴天还是下雨，甚至直到寒冷的冬天把生命之火扑灭成一团灰烬，它们仍在不停地工作。即使在冬天，这种生命力也在隐隐地燃烧着，等待万物复苏的春天重新焕发生机。同时，在厚厚的积雪下，在冻得硬实的土层下，在树皮的缝隙里，在隐蔽的洞穴里，寄生虫和捕食性昆虫都找到了栖身之处来度过寒冬。

螳螂的卵被它的妈妈安放在附着于灌木树枝的薄皮小袋里，因为妈妈的生命已经随着夏天的消逝而结束了。

雌性长脚黄蜂隐藏在被遗忘的楼阁角落里，体内有大量受精卵，它未来的种群都要依靠这些卵。独自生活的雌蜂生活在一个小小的、薄薄的巢中，在春天时候它会在每一个巢室产一些卵，小心地养育一些工蜂。在工蜂的帮助下，它会扩建蜂巢，扩大自己的族群。在炎炎夏日觅食的工蜂会吃掉无数的毛虫。

这样，由于它们的生活状况和我们的需求，这些昆虫都成了我们的盟友，使自然平衡对我们有利。然而，我们却把大炮指向自己的朋友。可怕的危险就是，我们严重低估了它们牵制大量敌人的作用，没有它们的帮助，敌人一定会危害我们。

每过一年，杀虫剂的数量、种类以及毒性就会随之增长，环境制约的前景就变得日益暗淡，而且这种无情的变化是普遍的、永久的。随着时间的流逝，我们可能遇到越来越多的严重的虫灾，它们有的传染疾病，有的毁坏庄稼，其种类大大超出我们所知的范围。你可能会说："这些不都是理论上的吗？反正我这辈子是看不见了。"但就是此时此刻，它的的确确发生了。据科学刊物记载，在1958年就有50种昆虫涉及自然生态严重失衡的问题。每年都会出现更多的例子。近来对于这个问题的一篇评论参考了215篇相关论文，这些论文都报告或者讨论了杀虫剂引起了昆虫数量失衡的不利情况。

有时候，喷洒化学药剂会适得其反。例如，喷药后，安大略的黑蝇数量就增加到原来的17倍。而在英格兰，在喷洒了一种有机磷农药后，白菜蚜虫的数量便直线上升，数量之多历史上绝无仅有。

在其他情况下，喷药虽然能有效地控制目标昆虫，却也打开了一个装满害虫的潘多拉之盒，之前从来不惹麻烦的昆虫现在却泛滥成灾了。比如，在DDT和其他杀虫剂杀死红叶螨的天敌后，这种小动物就遍布世界了。红叶螨不是一种昆虫，而是一种小的几乎看不见的八脚生物，与蜘蛛、蝎子、扁虱同属一类，它的口器适合穿刺和吸吮。它们特别喜欢吸食装点世界的叶绿素。它们用尖细的口器刺入常青树的针叶的表皮细胞内，吸食叶绿素。轻微的红叶螨感染就会使树木和灌丛呈现出斑驳点点；如果感染严重的话，植物的叶子就会变黄并脱落。

几年前，西部林区就发生过这样的事情。1956年，美国林业局在88.5万英亩的森林上喷洒了DDT。喷药的目的本来是要控制云杉蚜虫，但是到了第二年夏天，出现了一个比蚜虫更严重的问题。从空中鸟瞰时，工作人员发现大片的森林已经枯萎，高大的花旗松正在变黄，针叶也开始脱落。在海伦娜国家森林，在大贝尔特山西坡，在蒙大拿州的其他地区，直到爱达荷州，所有的森林都像被火烧过一样。很明显，1957年夏天出现了历史上规模最大、最严重的红叶螨灾害。几乎所有喷过药的地方都受到了影响，但其他地方的破坏并不明显。在寻找先例时，护林员想到了以前几次红叶螨灾害，尽管都不如这次严重。1929年黄石公园麦迪逊河、之后的科罗拉多州、1956年的新墨西哥州，都出现过类似的情况。每次虫灾爆发都是在喷药之后（1929年是DDT被使用之前，当时用的是砷酸铅）。

为什么红叶螨遇到杀虫剂会更加繁盛呢？一个明显的原因是红叶螨对杀虫剂并不敏感。除此之外，还有另外两个原因：第一个原因是红叶螨的数量是由各种捕食性昆虫共同制约的，比如瓢虫、瘦蚊、捕食性螨虫以及一些掠食性昆虫等，这些昆虫对杀虫剂都非常敏感。第二个原因与红叶螨种群内部压力有关。一个未受影响的螨虫种群是非常稠密的，它们紧紧挤在一个保护带之下，以躲避敌人。一旦喷药，它们就会分散开来，虽然没有被杀死，但是也受到了刺激，它们要寻找适合的环境。这样，它们慢慢会找到更广阔的空间和更充足的食物。在所有的天敌都被杀死之后，它们不用费力去编织保护带了。于是，它们全力以赴地投入到繁殖中去。红叶螨产卵数量增长到了原来的3倍不足为奇，这都是拜杀虫剂所赐。

弗吉尼亚州的雪伦多河谷是著名的苹果种植区，当DDT代替砷酸铅后，一种叫作红线卷叶虫的昆虫便泛滥成灾。在这之前，它的危害并不严重，但是这次它迅速成为了危害最严重的果树害虫，并席卷了百分之50的农作物，不仅在本地，在美国东部和中西部，随着 DDT 使用量的增加，红线卷叶虫的身影遍布各地。

　　这种状况充满了讽刺意味。20 世纪 40 年代末，在新斯科舍省的果园中，定期喷药的地方是苹果卷叶蛾（苹果虫蛀的原因）最严重的区域，而在没有喷过的地方，卷叶蛾不多，也构不成危害。在苏丹东部，人们喷药很勤奋，但是效果却难以令人满意，那里的棉花种植户饱受 DDT 的危害。在盖斯三角洲的灌溉区，约有 6 万英亩的棉花。早期实验证明，DDT 杀虫效果明显，于是人们增加了喷药的次数。从那时起，麻烦就开始了。棉铃虫对棉花的危害最大，但是喷药越多，棉铃虫就越多。在未喷药地区，棉籽和成熟的棉朵受到的损害就较少。喷药两次的地方，棉籽产量骤减。虽然也消灭了一些食叶昆虫，但由此得到的一些好处又被棉铃虫造成的损失抵消了。最后，棉农们不得不面对残酷的事实：如果不喷药，棉花的收成可能会更好一点儿。

　　在刚果民主共和国和乌干达，为了对付一种咖啡树害虫而大量喷洒了 DDT，造成了"灾难性"的后果。因为 DDT 对这种害虫几乎没有任何影响，但害虫的天敌却深受其害。在美国，虫害愈演愈烈，因为喷药扰乱了昆虫世界的动态平衡。近来的两次喷药就产生了这样的问题：一次是南方的火蚁清除计划，另一次是中西部的日本甲虫歼灭战（见第十章和第七章）。

　　路易斯安那的农田在 1957 年大规模使用了七氯后，导致甘蔗最凶恶的敌人——蔗螟的泛滥。喷洒七氯后，蔗螟就肆无忌惮了，因为针对火蚁的药剂杀死了蔗螟的天敌。作物受到严重损失，农民们试图起诉州政府的疏忽大意，没能提醒他们喷药的后果。

伊利诺伊州的农民也尝到了喷药的苦果。伊利诺伊州东部的农田里使用了大量狄氏剂来控制日本甲虫，却发现凡喷过药的地方玉米螟数量都大大增长了。事实上，这一区域内的玉米螟几乎是其他地方的两倍。农民可能不了解其中的生物原理，但是无须科学家提醒，他们也都知道了自己做了一笔不划算的买卖。为了消灭一种昆虫，他们解放了另一种破坏力更强的害虫。据农业部估计，日本甲虫每年造成的损失大约为 1000 万美元，而玉米螟带来的损失大约是 8500 万美元。

值得注意的是，人们过去一直依靠自然方法控制这种害虫。1917 年，这种昆虫被无意间带入美国，两年后，美国政府就展开了大规模的计划来搜寻并引进玉米螟的寄生虫。从那时起，有 24 种寄生虫从欧洲和东方各国陆续引进，也耗费了不少钱，其中，有 5 种寄生虫效果很好。无须多言，由于喷药杀死了玉米螟的天敌，这些努力现在都化为乌有了。

如果这些数据不那么令人信服，请看看加利福尼亚柑橘园的情况吧。在 19 世纪 80 年代，那里进行过世界著名的生物防治实验。1872 年，加利福尼亚出现了一种以柑橘树汁为食的介壳虫。此后的 25 年间，介壳虫发展成为一种害虫，很多果园因此损失惨重。新兴的柑橘工业面临破产的局面，很多农民放弃了，都把果树拔掉了。后来，从澳大利亚引进了一种介壳虫的寄生虫——一种小巧的澳洲瓢虫。从首批引进瓢虫算起两年内，加利福尼亚柑橘种植区的介壳虫就得到了完全控制。从那时起，人们在柑橘园找上几天，也找不到一只介壳虫。

到了 20 世纪 40 年代，柑橘种植户们开始用令人炫目的新型化学品对付其他昆虫。随着 DDT 和其他毒性更强的化学品的出现，瓢虫从加利福尼亚的很多地区都消失了。当年引进瓢虫，政府只花了 5000 美元。这项行动却每年给果农挽回了几百万美元的损失，但是一不留心，受益马上就付之东流了。很快，介壳虫卷土重来，造成了 50 年不遇的大灾难。

"这可能标志着一个时代的结束。"里弗赛德市柑橘实验中心的保罗·德巴赫博士说。现在控制介壳虫的工作变得极其复杂了。只有通过反复放养和小心喷药，才能减少瓢虫与杀虫剂的接触，保护好这种澳洲小昆虫。但是，不管果农怎么做，它们的命运或多或少地受到临近农场主的摆布，因为飘散而来的杀虫剂已经造成了严重的损失……

这些例子都是关于农业害虫的。那些传播疾病的昆虫又是怎样的呢？我们已经得到很多警示。例如，南太平洋的尼珊岛在第二次世界大战期间就曾大量喷药，战争结束后，喷药也停止了。很快，疟蚊重新入侵了这座岛屿。捕食疟蚊的昆虫已经被杀光了，无法及时形成新的种群，因此疟蚊大肆滋生。马歇尔·莱尔德描述自己的经历时，把化学控制比作一台踏车——一旦我们踏上去，就会因为害怕跌倒而不敢停下来。

在世界各地，喷药与疾病的联系花样百出。不知为什么，像蜗牛等这样的软体动物不受杀虫剂的影响。这种情况已经出现了多次。佛罗里达州东部盐沼大量喷药后，所有的动物死亡殆尽，只有蜗牛幸存下来。当时的景象是一个可怖的画面——可能只有超现实主义的画笔才能描绘出这一场景：成群的蜗牛在死鱼和垂死的螃蟹中间爬来爬去，蚕食着毒雨杀死的生物。

　　但是这样的后果为什么很重要呢？因为很多蜗牛是危险的寄生虫宿主。这些寄生虫一生中部分时间在软体动物身上度过，一部分时间是在人体中度过的。血吸虫就是其中一例，它们可以通过饮用水或者洗澡水进入人体，引发严重的疾病。血吸虫正是靠其宿主蜗牛进入水中的。这种疾病在亚洲和非洲部分地区尤为严重。在有血吸虫的地方进行昆虫防治，如果促进了蜗牛的繁殖的话，就可能导致严重后果。

　　当然，人类不是蜗牛引发疾病的唯一受害者。部分时间寄生在淡水蜗牛身上的肝吸虫会导致牛、绵羊、山羊、梅花鹿、麋鹿、兔子以及其他温血动物患上肝病。感染虫子的肝脏不适于人类食用，因此受到严格管控，美国的牧民也因此每年损失 350 万美元。任何增加蜗牛数量的措施都会使这一问题更加严重……

　　在过去 10 年里，这些问题已经投射出了巨大的阴影，但我们的认识却姗姗来迟。那些最适合研究自然控制并付诸实践的人员，却埋头于使用更刺激的化学控制方法的果园里，据说，在 1960 年，全美国只有百分之 2 的昆虫学家从事生物防治领域的工作，其余的百分之 98 大都在研究化学杀虫剂。

　　为什么会这样呢？大型化学公司把大量资金投向大学，用于支持化学药剂的研究。这就产生了诱人的研究生奖学金和研究职位。而对生物防治从来都没有如此多的捐赠，原因很简单：生物防控无法给任何人带来像化学工业那样的巨额利润。这些研究就由州和联邦机构承担，而这些地方投入的资金少得可怜。

　　这也解释了为什么一些著名的昆虫学家都对化学防治推崇备至。通过对这些人的背景进行调查发现，他们的整个研究项目就是由化工企业资助的。他们的声望，甚至工作都依赖于化学方法的存续。难道我们还能指望他们倒打一耙吗？知道了他们的偏见之后，我们还能相信杀虫剂是无害的吗？

在化学品成为主要的防治方法的欢呼中，少数昆虫学家提出了一些异议，因为他们没有忘记自己是生物学家，而不是化学家或者工程师。

英国的雅各布说："从所谓的经济昆虫学家的角度看，小小的喷嘴就能解决一切问题……但是如果问题复杂、出现抗药性或者哺乳动物中毒，化学家就会准备好另一种药剂。但情况并非如此……最终只有生物学家才能给出虫害防治基本问题的最佳答案。"

新斯科舍省的皮克特写道："经济昆虫学家必须明白，他们是在跟生物打交道。他们要做的不仅是简单的杀虫剂检测，或者寻找巨毒化学品。"皮克特博士就是理性昆虫防治领域的先驱，其研究方法充分利用了捕食性昆虫和寄生虫。他和同事们提出的方法已经成为光辉的典范，很难找到望其项背的措施。只有在加州一些昆虫学家提出的综合防治计划中，我们才发现在美国一些方法也有异曲同工之妙。

大约35年前，皮克特博士就在安纳波利斯谷的苹果园里开始了他的研究，那里是加拿大最集中的水果产区。那时候，人们都认为杀虫剂（当时是无机化学物）会解决昆虫防治难题，因此，唯一的任务就是劝导果农使用他们的建议。但是，美好的愿景并没有实现，昆虫顽强地生存下来了。于是，人们增添了新的化学药剂，发明了更好的喷药设备，喷药的热情也越发膨胀，但是昆虫难题仍然没有改观。随后，人们又说 DDT 是"苹果卷叶蛾噩梦的终结者"。实际上，DDT 的使用引起了一场史无前例的螨虫灾害。皮克特博士说："我们只不过是从一场危机走向另一场危机，用一个难题代替另一个难题而已。"

基于这种观点，皮克特博士和他的同事提出了一个全新的方法，而不是跟其他的昆虫学家一样踏上去寻找更强化学品的老路。他们发现自然界中也存在着人类的盟友，于是他们制定了一项尽量利用自然控制、最少使用杀虫剂的计划。需要使用杀虫剂时，只用最小剂量，刚好控制害虫，又不会对益虫造成危害。他们还会考虑适当的时机，比如，在苹果花变成粉红色之前使用硫酸烟碱，一种重要的捕食性昆虫就会得以幸免，因为那时候它们还没有孵化。

皮克特博士对于化学品的选择非常谨慎，尽量减少对寄生虫和捕食性昆虫的伤害。他说："如果我们像过去使用无机化学药剂那样来喷洒 DDT、对硫磷、氯丹和其他新型杀虫的话，那些热衷于生物防控的昆虫学家也会认输的。"他没有使用毒性较强、横扫一切的杀虫剂，而主要依靠鱼尼丁（取自一种热带植物的地下根茎）、硫酸烟碱和砷酸铅。在某些情况下也会少量使用 DDT 和马拉硫磷（每 100 加仑添加 1~2 盎司，而不是通常的每 100 加仑添加 1~2 磅）。虽然这两种化学药剂是现代杀虫剂中毒性最小的，但皮克特博士仍希望通过进一步研究，找到更安全、更有针对性的材料来代替它们。

这项计划的效果如何呢？在新斯科舍省，采用皮克特博士计划的果农收获的优质水果产量比起那些大量喷药的毫不逊色，不相上下，但是参与这项计划的果农的成本要小得多。新斯科舍省苹果园的农药成本仅是其他地区的百分之 10 到百分之 20。

　　比这些喜人的成果更重要的是，新斯科舍省的昆虫学家发明的改良计划不会破坏自然平衡。这种情况让 10 年前加拿大昆虫学家乌里耶特预料准确："我们必须改变自己的观点，摒弃人类是优等物种的态度，并承认在多数情况下，我们可以从自然环境中找到的限制生物数量的方法，比起我们亲自动手来得更划算。"

# 第十六章　雪崩的轰隆声

如果达尔文活到今天，他一定会感到兴奋和震惊，因为昆虫无比坚定地证明了适者生存理论的正确性。在密集化学药剂的重压之下，那些适应力较弱的昆虫已经消失。如今，在很多地区只有身体强壮并且适应能力强的昆虫才能在化学药剂之中生存下来。

大约在半个世纪之前，华盛顿州立大学的昆虫学教授梅兰德问了一个现在看来纯粹是修辞学的问题："昆虫会产生抗药性吗？"如果梅兰德不知道答案，或知道得较晚，那只是因为他问得太早——1914 年，而不是 40 年后。在 DDT 时代之前，使用的无机化学药剂现在看来是适度的，却创造了能够适应药剂和药粉的多种昆虫。梅兰德也遇到过梨园蚧难题，多年来石硫合剂控制这种昆虫的效果令人满意。之后，在华盛顿的克拉克森林地区，这种昆虫开始变得难以管控——比起韦纳奇果园、雅基马山谷以及其他地区的此类昆虫，杀死它们要更加困难。

突然，全国各地的介壳虫好似醍醐灌顶一般顿悟了：果农们慷慨勤奋地喷洒药剂之后，它们并不是非死不可。在中西部地区，成千上万英亩的优良果园被抗药昆虫彻底糟蹋了。

在加利福尼亚，用帆布把树罩起来，再用氢氰酸熏蒸这种历史悠久的方法也已经失效了。因此，加利福尼亚柑橘试验中心开始研究这个问题，这项研究从 1915 年开始一直持续了 25 年。在 20 世纪 20 年代，苹果卷叶蛾从抗药性中尝到了甜头，尽管在过去的 40 多年里，砷酸铅对它们的控制效果一直很好。

但是，只有在 DDT 及其同类化学品出现之后，抗药性时代才真正来临。仅仅几年的时间，这个凶险的问题就出现了，稍微了解一些昆虫知识或者动物种群动态的人都不会感到惊讶。但是，人们对于昆虫抗药性的认识却来得非常缓慢。现在看来，只有那些关注传播疾病昆虫的人才完全明白当时的紧急情况；大多数农学家仍然乐观地指望发明新的、毒性更强的化学品，而当前的困境正是由这种似是而非的推理造成的。

昆虫的抗药性却完全相反，发展得极其迅速。1945 年之前，大约只有 12 种昆虫对前 DDT 时代的杀虫剂有抗药性。随着新型有机化学品和大规模喷药的应用，昆虫的抗药性迅速发展，到了 1960 年，已经有 137 种昆虫有了抗药性。没有人会认为这件事到此为止了。目前，关于这一状况已经发表了 1000 多篇技术论文。世界卫生组织从世界各地召集了大约 300 名科学家，宣布"抗药性是带菌昆虫防治面临的最重要问题"。英国一位著名的动物种群专家查尔斯·埃尔顿博士说："我们已经听到了大雪崩来临之前的轰鸣声。"

有时候，昆虫的抗药性发展得如此之快，以至于用一种化学品成功控制一种昆虫的报告墨迹还没干，就得紧接着发布修改版的报告。例如，在南非，牧场主们深受蓝扁虱的困扰，单在一个牧场有一年就有 600 头牛命丧蓝扁虱之手。多年来，蓝扁虱已经对砷剂产生了抗药性。后来人们又试用了六氯联苯，短时期内效果很好。1949 年年初发布的报告宣称，新的化学品可以轻易控制蓝扁虱，但是当年晚些时候，又有公告称扁虱已经对新的化学品产生了抗药性。这一情况促使一位作家在 1950 年的《皮革贸易评论》杂志上写道："如果人们真正了解这件事的重要性，有关科学圈的秘闻和国外媒体的点滴报道足以像原子弹那样上头版头条。"

虽然昆虫的抗药性是农业和林业关注的问题，但在公共卫生领域也引发了严重的恐慌。昆虫与人类疾病之间的关系源远流长。疟蚊会向人体血液注射单细胞的疟疾病原体。其他蚊子还会传播黄热病，甚至传播脑炎。家蝇虽然不叮人，但也会使人类食物感染痢疾杆菌，在世界很多地区，家蝇还可能传播眼病。疾病和昆虫携带者的名单包括：斑疹伤寒和虱子，鼠疫和鼠蚤，非洲睡眠病和采采蝇，各种发烧症状和扁虱，等等。

这些问题非常重要，必须抓紧时间解决。一个有责任心的人不会对此听之任之。目前最迫切的问题是：明知这些方法会使情况变得更加糟糕，仍然采用这些办法是否明智或者负责任。人们听惯了控制带菌昆虫、战胜疾病的声音了，却很少了解到故事的另一面——失败。胜利的短暂性有力地证明了我们的方法会使昆虫变得更加强大。

更糟糕的是，我们可能已经亲手破坏了战争的手段。加拿大一位著名的昆虫学家布朗博士受雇于世界卫生组织，全面调查抗药性问题。在 1958 年出版的专题著作中，布朗博士说："在公共健康计划中使用强力合成杀虫剂不到 10 年，出现的主要技术问题是曾被治理过的昆虫就有了抗药性。"在出版这部专题著作时，世界卫生组织警告说："目前针对昆虫传播疾病（例如，疟疾、斑疹伤寒、鼠疫）的积极行动正面临挫败的风险，除非新的问题得到迅速解决。"

挫败的程度如何呢？当今，抗药物种已经囊括了全部药物处理过的昆虫。很明显，黑蝇、沙蝇和采采蝇还没有产生抗药性。另外，在全球范围内，家蝇和虱子已经产生了抗药性。抗疟计划也受到了蚊子抗药性的威胁。东方鼠蚤——鼠疫的主要传播者，身上出现了最严重的问题——近来已经证明它们对DDT产生了抗药性。各大洲的国家和绝大多数岛国传出各种物种抗药性的报道不绝于耳。

意大利在1943年首次使用现代杀虫剂。当时，盟军政府把DDT洒向人群，成功地治愈了斑疹伤寒。两年后，为了控制疟蚊，各国又把剩余的药物喷洒完了。仅在一年之后，麻烦的征兆就出现了。家蝇和库蚊都产生了抗药性。作为DDT的补充，人们在1948年试用了新的化学品——氯丹。这次，良好的控制效果持续了两年。到了1950年8月，抗氯丹苍蝇出现了；到了该年年底，所有的家蝇和库蚊都对氯丹产生了抗药性。昆虫抗药性的发展速度简直与新型化学品的投入速度并驾齐驱。

到了1951年年底，DDT、甲氧氯、氯丹、七氯和六氯联苯等化学品功效尽失，而苍蝇却"多得出奇"。在20世纪40年代末，上述事件又在萨丁岛（意大利）重复上演。丹麦于1944年首次使用DDT，到了1947年，很多地方对苍蝇的控制都失败了。在埃及一些地区，苍蝇早在1948年就产生了抗药性；之后人们便用 BHC 代替，但效果也只持续了不到一年。埃及的一个村庄就是这一问题的典型代表。1950 年，杀虫剂防治苍蝇效果良好，在这一年中，婴儿的死亡率降低了近百分之 50。然而，到了第二年，苍蝇对 DDT 和氯丹就产生了抗药性。苍蝇数量恢复到之前的水平；婴儿的死亡率也随之提高。

到了 1948 年，美国田纳西河谷的苍蝇已经对 DDT 普遍产生了抗药性，其他地区也毫无例外。后来，人们尝试了狄氏剂，但没什么效果，因为有些地区的苍蝇在两个月内就对这种化学品产生了很强的抗药性。把氯化烃产品试用一遍之后，防控部门又把目光转向了有机磷，结果相同的故事又再次上演。目前专家们的结论是："家蝇已经超出了杀虫剂的控制范围，需要从日常卫生着手。"

意大利那不勒斯的虱子防控是使用 DDT 最早、最值得称道的战绩之一。在几年之后的 1945 年到 1946 年冬天，这一成绩终于不再形影相吊，因为 DDT 又成功控制了影响日本和韩国 200 万人的虱子问题。1948 年，西班牙斑疹伤寒防治的失败预示着困难即将来临。尽管在实际行动中遭受挫折，但是令人振奋的实验结果让昆虫学家相信虱子不会产生抗药性。在 1950 年到 1951 年冬天，韩国发生的事件着实令人吃惊不小。一批韩国士兵在使用了 DDT 药粉后，虱子反而更多了。把虱子收集起来检测后发现，5% 的 DDT 并不能提高虱子的自然死亡率。从东京的流浪者身上、板桥区的贫民窟以及叙利亚、约旦、埃及东部的难民营收集来的虱子经检测，也证明 DDT 已经无法控制虱子和斑疹伤寒了。到了 1957 年，对 DDT 有抗药性虱子的已经扩展到了伊朗、土耳其、埃塞俄比亚、非洲西部、南非、秘鲁、智利、法国、前南斯拉夫、阿富汗、乌干达、墨西哥、坦噶尼喀，意大利曾经的胜利已经成为了历史。

对 DDT 产生抗药性的第一种疟蚊是希腊的帕氏按蚊。1946 年开始了大规模喷药，效果不错；到了 1949 年，有人发现，在喷过药的家舍和牛棚里的蚊子不见了，但是路桥下却聚集了大量的成年蚊子。很快，它们的栖息地蔓延到洞穴、外屋、阴沟以及橘子树的叶子和树干上。很明显，成年蚊子已经对 DDT 产生了足够的抗药性，能够从喷药的建筑里逃出来，并在野外慢慢恢复。几个月后，家里的墙上又会出现蚊子。

这只是巨大灾难的前兆而已。疟蚊对杀虫剂抗药性的发展非常快，这正是对房屋彻底喷药的后果。在 1956 年，只有 5 种疟蚊有抗药性；到了 1960 年年初，这一数字已经增加到了 28 种，其中包括西非、中东、中美、印度尼西亚和东欧地区等地的危险疟蚊。

传播其他疾病的蚊子也出现了同样的情况。一种热带蚊子身上带有一种寄生虫，能引起象皮肿等疾病，如今世界各地的这种蚊子都产生了抗药性。在美国一些地区，传播马脑炎的蚊子已经有了抗药性。而传播黄热病的蚊子更严重，几个世纪以来这种病一直是世界的主要灾难。抗药黄热病蚊子在东南亚已经出现，而且在加勒比地区已经非常普遍。

世界上很多地方的报告证明了抗药性引起了疟疾和其他疾病。1954 年，特立尼达岛上蚊子的抗药性使得控制计划失败，导致了黄热病的爆发。印度尼西亚和伊朗的疟疾也出现了恶化。在希腊、尼日利亚和利比里亚，蚊子仍是疟疾病原区。在佐治亚州，苍蝇控制计划暂时缓解了腹泻，但不到一年，取得的成果就毁于一旦。在埃及，这项计划暂时降低了急性结膜炎发病率，但是这种方法到了 1950 年就失效了。

佛罗里达州的盐沼蚊也产生了抗药性，虽然不会影响人类健康，却造成了不小的经济损失。盐沼蚊不传播疾病，但是它们成群结队、密不透风，使佛罗里达大片沿海地区变得不适于人类居住，人们经过一番努力实现了对其的短暂控制之后，它们很快又恢复了原样。

很多地方的家蚊也出现了抗药性，所以很多社区定期大肆喷药的计划应该暂停一下了。如今，在意大利、以色列、日本、法国以及美国部分地区（加利福尼亚、俄亥俄、新泽西、马萨诸塞等地），家蚊已经对几种杀虫剂有了抗药性，包括使用最广泛的DDT。

另一个问题就是扁虱。最近，传播斑疹热的木虱和褐色狗虱已经建立好了自身的防御措施，这就给人类和狗出了一道难题。褐色狗虱是一种亚热带昆虫，它们来到遥远的北方，在新泽西州定居，冬天只能在温暖的室内度过。1959 年夏天，美国自然历史博物馆的约翰·帕里斯特博士报告说："每栋公寓时不时地就会滋生大量幼虫，而且很难清除。狗可能会在中央公园偶尔沾上虱子，然后虱子在狗身上产卵，并在公寓里孵化。它们好像对DDT、氯丹以及大部分现代喷剂免疫。过去纽约市很少见到虱子，现在纽约市、长岛、维斯切斯特市直到康涅狄格州，到处都是虱子。在过去的五六年里，我们发现这种情况尤为明显。"

在北美大部地区，德国蟑螂对氯丹产生了抗药性。氯丹是过去灭虫人员最爱的武器，现在他们转而使用有机磷杀虫剂。然而，蟑螂又对这些药剂产生了抗药性，这下，灭虫专家真的走投无路了。随着昆虫抗药性的增强，防治机构正轮番使用各种杀虫剂。尽管凭借科学家的聪明才智能够不断提供新的化学品，但这并不是长久之计。布朗博士指出，我们正行进在一条"单行道"上。这条路有多长，无人知晓。如果我们还没来得及控制住带病昆虫就走到了路的尽头，那真的危险了。

农业害虫的情况也如出一辙。最开始对非有机化学药剂有抗药性的昆虫大约有 12 种，现在又增加了多种昆虫对 DDT、BHC、林丹、毒杀芬、狄氏剂、艾氏剂以及寄予厚望的磷酸盐都产生了抗药性。在 1960 年，危害农作物的昆虫中产生抗药性的共有 65 种。

1951 年，首次对 DDT 产生抗药性的农业昆虫在美国出现，这大约是首次使用 DDT 6 年之后。现在有 6 种棉花昆虫，外加蓟马、果蛾、叶蝉、毛虫、螨虫、蚜虫、铁线虫以及其他昆虫，都对漫天飞舞的农药视而不见了。

化工企业不愿面对抗药性的事实，倒也可以理解。甚至到了 1959 年，在超过 100 种昆虫产生明显抗药性的情况下，一家农业化工领域的权威期刊还在问抗药性是"真的还是想象出来的"。即使化工企业闭目塞听，但问题依然存在，而且还带来了惨痛的经济损失。其中一个就是使用化学品的成本不断增加。提前储存大量化学品已经不现实了——今天还是效果最好的杀虫剂，明天就可能让人失望透顶。用于支持和推广杀虫剂的大量资金可能会打了水漂，因为昆虫再一次证明了暴力手段对于自然是无效的。

不管杀虫剂的研发和应用方法的更新速度有多快，人们发现昆虫总是领先一步……

即使达尔文也不可能发现比抗药性机制证明自然选择更有力的例子了。在原始的种群里，每只昆虫的身体结构、行为、生理机制都不一样，只有"强壮"的昆虫才能在化学攻击中存活下来。喷药只会杀死弱小的昆虫。幸存下来的昆虫具备一种与生俱来的特质，这种特质能够帮助它们抵御伤害。这些昆虫的后代通过遗传就轻易地获得了先辈们"强壮"的特质。使用强力化学品使问题变得更加糟糕，无法避免地产生了这样的问题。几代之后，昆虫就不再是强弱混杂了，它们蜕变成了一个身体强壮的、抗药性十足的种群。

昆虫抵御化学品侵害的方式多种多样，但是人们还不太清楚其中的机制。据说一些昆虫具备结构优势来抵抗化学品侵袭，但是并没有确凿的证据。从大量观察来看，一些昆虫确实具有免疫性，例如，布雷约博士在丹麦佛碧泉虫害防治研究所对苍蝇进行观察后说："它们在充满DDT的环境中从容嬉戏，就像原始社会的巫师在红红的炭火上跳舞一样。"

世界上其他地方也得出了类似的结论。在马来西亚吉隆坡，一开始蚊子会逃离喷了DDT的房间。随着抗药性的增强，它们又回来了，在它们停留的地方，借着手电筒的灯光可以清楚地看到DDT的残渣。在中国台湾南部的一个军营里，抗药臭虫身上居然带着DDT粉末爬来爬去。把这些臭虫包裹在浸染了DDT的布条里，它们可以存活一个月之久；它们还产了卵；幼虫竟然还茁壮成长起来。

但是，抗药特性不一定依赖身体构造。抗 DDT 苍蝇体内有一种酶，可以帮助苍蝇把 DDT 转变为毒性较弱的 DDE。只有抗DDT 遗传基因的苍蝇体内才具有这种酶，这种基因当然也会被遗传下去。至于苍蝇和其他昆虫如何削弱有机磷化学品的毒性就不太清楚了。

昆虫的某些行为也使其能避免与化学品发生接触。许多工人发现，抗药苍蝇更多时候停留在未喷药的平面上，而不会落在喷过药的墙上。它们习惯于停留在某个固定的地方，这样就大大减少了接触药物残留的概率。一些疟蚊的习性可以使它们完全避开与 DDT 接触，这样就相当于获得了免疫性。一旦喷药受到刺激，它们就会离开室内，到户外生存。

一般来说，昆虫产生抗药性需要经过两到三年的时间，有时候仅需要一个季节，甚至更短，在另一种极端情况下，也可能需要的时间长达 6 年。一个昆虫种群一年内繁殖的后代数量也很重要，这取决于物种和气候等因素。例如，加拿大苍蝇产生抗药性的速度就比美国南部的苍蝇慢，因为美国南部漫长而炎热的夏季利于苍蝇繁殖。

有时候，人们会满怀希冀地问："既然昆虫能够产生抗药性，那么人类呢？"理论上人类也可以，但是可能需要几百年，甚至几千年，所以对于现在的人类而言，远水解不了近渴。抗药性不是在某个个体身上产生的。如果一个人天生对毒素不敏感，他可能存活下来，繁衍后代。抗药性是一个群体经过几代甚至很多代才形成的。人类繁衍的速度是每世纪三代，而昆虫繁殖的速度是几天或几周。

"在某些情况下承受一点儿损失，要比失去战斗力而付出长期代价要合算得多。"布雷约博士在荷兰任植物保护局局长时说，"好的建议是喷得'越少越好'，而不是'尽力多喷'……害虫群体的压力越小越好。"

遗憾的是，美国农业部并不认可这样的观点。在农业部1952年的年鉴里，专门讨论了昆虫问题，承认了昆虫抗药性的事实，却认为"为了实现有效控制，需要使用更多的杀虫剂"。然而，农业部并没有告诉人们，当只剩下了把地球生命一扫而光的化学品没有试用的时候，将会发生什么。1959年，就在农业部提出的建议仅仅7年后，《农业和食品化学》杂志引用了康涅狄格州的一位昆虫学家说过的话：对至少一两种昆虫有效的最后一种化学品已经派上了用场。布雷约博士说：

> 再明显不过了，我们踏上了一条危险的道路……我们需要花大力气研究其他控制方法，必须是生物防治，而不是化学控制。我们应该十分谨慎地引导自然向我们需要的方向发展，而不是使用暴力……
>
> 我们需要更高层次的思维和更深刻的洞察力，但是多数研究人员却不具备这样的素质。生命是一个奇迹，超越了我们的理解，甚至在我们不得不与之为敌的时候，也要心存敬畏……诉诸武力，比如杀虫剂，充分证明了我们知识的匮乏和能力的不足，如果懂得如何引导自然发展，完全不必使用武力。我们需要的是谦卑的态度，而不是对科学盲目自负。

# 第十七章　另一条路

我们正站在两条路的交叉口，但是与罗伯特·弗罗斯特著名诗歌中的路不一样，这两条路并不全是阳关大道。我们长期以来一直行驶在一条具有欺骗性的路上，貌似平坦而舒适，但是灾难却在不远处对我们虎视眈眈。而另一条"人迹罕至"的岔路为我们保护地球提供了最后一个机会。

归根结底，走哪条路最终取决于我们自己。在承受了这么多灾难后，我们终于获得了"知情权"，并且明白了我们被卷进了愚蠢可怖的风险中，不该再相信到处使用有毒化学品的建议，而要四处寻找，看看还有没有其他道路允许我们通行。

除了用化学方法控制昆虫外，我们还可以利用其他多种神奇的方法，其中有些已经得以应用，并取得了明显的效果；有的则处于实验阶段；还有一些存在于想象丰富的科学家的头脑中，还没有进入实验领域。所有的方法都有一个共性：它们都是生物防治法，并以对控制目标和整个生态的透彻了解为基础。生物领域的专家学者都参与进来，包括昆虫学家、病理学家、遗传学家、生理学家、生化学家以及生态学家——所有的人都把自己的知识和灵感注入到创建一门新的科学——生物防治学。

约翰·霍普金斯大学的一位生物学家卡尔·斯旺森教授说："每门科学都可以看作一条河流，其源头隐约朦胧；河水时而平缓，时而湍急；有时干涸，有时高涨。研究人员的勤奋工作和众多思想支流的汇集，使河流势头逐渐迅猛；新的概念和理论逐渐产生，又使它得以拓宽和加深。"

现代意义的生物防治科学也是如此。一个世纪之前，为了消灭农业害虫，首次引进了这些昆虫的天敌，却给农民带来了困扰，这算是生物防治在美国的模糊起源。这门科学有时步履维艰，有时裹足不前，但在偶然的成功案例的促进下又能突飞猛进。20世纪40年代，应用昆虫学领域的研究人员被五花八门的杀虫剂弄得心迷意乱，最终他们抛弃了生物防治，走上了"化学控制"这台跑步机，生物防治科学从此进入了干涸时期。但是我们与没有害虫的目标却渐行渐远。如今，人们终于彻底醒悟了，因为毫无顾忌地喷洒化学药剂对我们造成的伤害比昆虫造成的更大。于是，生物防治之河又重新流动起来，新的思想也开始不断涌入。

一些新的方法非常诱人，试图让昆虫窝里斗——利用昆虫自身的力量来消灭同类。其中最令人叹为观止的是"雄蚊绝育"技术。这种方法是美国农业部昆虫研究所负责人爱德华·尼普林博士和他的同事共同研发的。

大约在25年前，尼普林博士就提出了一个独特的防治方法，令同事们非常震惊。他提出，如果能让大量的雄性昆虫绝育，然后放出去，在特定的条件下它们与野生雄性昆虫竞争并取胜。如此反复释放几次的话，昆虫排出的卵就可能无法孵化，这个物种就逐渐消失了。

官方对这个想法无动于衷，一些科学家也深感怀疑，但是这个想法却牢牢占据了尼普林的大脑。在付诸实验之前，还有一个问题有待解决——必须找到一个绝育的可行方法。理论上，在1916年的时候人们就知道了 X 射线可以造成昆虫绝育，当时，一名叫朗纳的昆虫学家发现了烟草甲虫绝育的现象。赫尔曼·缪勒用 X 射线引起突变的开创性研究开辟了在 20 世纪 20 年代后期思想的全新领域，到了 20 世纪中期，许多研究人员都报告了用 X 射线或 γ 射线使至少 12 种昆虫绝育的情况。

这些还只是实验，离实际应用还有很长的路程。大约在 1950年，尼普林博士开始了艰苦的努力，试图用绝育技术解决困扰南部牲畜的一种害虫——螺旋蝇。这种苍蝇会把卵产在温血动物的伤口上，孵化出的幼虫以宿主的肉为生，一头成年肉牛在 10 天内就会死于严重感染。美国每年牲畜因螺旋蝇造成的损失总额高达 4000 万美元，野生动物的死亡数量更是多到无法估算。得克萨斯州一些地区的鹿群稀少就是螺旋蝇造成的。螺旋蝇是一种热带或者亚热带昆虫，生活在美洲中南部、墨西哥以及美国西南部。大约在 1933 年，螺旋蝇意外地进入了佛罗里达州，那里的气候允许它们熬过冬季，并繁衍生息。它们甚至推进到了亚拉巴马州南部和佐治亚州，很快，美国东南部的畜牧业损失就上升到了每年 2000 万美元。

在过去很长时间里，得克萨斯州农业部的科学家们收集了大量有关螺旋蝇的生理特性的信息。到了 1954 年，在佛罗里达州的岛屿上进行了初步的野外实验后，尼普林博士把他的理论运用到大规模实验中去。在荷兰政府的安排下，他去了离大陆足有 50 英里远的加勒比海库拉索岛。

从 1954 年 8 月开始，在佛罗里达州农业实验室培养并绝育的螺旋蝇被空运至库拉索岛，并以每周 400 平方英里的速度投放。用于实验的山羊身上的螺旋蝇的卵立刻就减少了，同时卵的能育性也下降了。投放仅仅 7 周之后，所有的卵就不能孵化了，很快，一个卵团也找不到了。库拉索岛上的螺旋蝇被彻底消灭了。

这项实验的巨大成功刺激了佛罗里达州的牧民，他们希望这种方法能消灭当地的螺旋蝇。但是困难相对较大——佛罗里达州面积是库拉索岛的 300 倍。1957 年，美国农业部和佛罗里达州政府共同为清除计划提供资金。这项计划包括在一个特制的"苍蝇工厂"里每周生产 5000 万只螺旋蝇；20 架轻型飞机按预设的飞行模式每天飞行五六个小时，每架飞机上携带 1000 个纸盒，每个纸盒里装有 200~400 只绝育苍蝇。

1957 年到 1958 年的冬天天寒地冻，佛罗里达州北部气温很低，螺旋蝇种群被限制在狭小的区域内，这为计划的实施提供了绝佳的机会。17 个月后计划完成了，总共有 35 亿人工培养、绝育的螺旋蝇被投放到佛罗里达州全境以及佐治亚州和亚拉巴马州的部分地区。最后一只伤口感染螺旋蝇的动物发现于 1959 年 2 月。在之后的几个星期里，又有几只成年螺旋蝇落入陷阱。此后，螺旋蝇便销声匿迹了。东南部地区螺旋蝇的灭绝展现了科学创新的价值，其中科学家细致的基础研究、顽强的毅力和坚定的决心功不可没。

如今，密西西比州修建了一条隔离网来防止螺旋蝇再次入侵。

螺旋蝇在西南地区根深蒂固，因为那里地域广袤，另外螺旋蝇还可以从墨西哥重新进入，所以清除难度非常大。尽管如此，由于意义重大，农业部希望至少能把螺旋蝇控制在较低水平，得克萨斯州以及西南其他受害地区可能很快就开始实行这项计划……

消灭螺旋蝇战役取得的辉煌胜利激起了人们用相同的办法对付其他昆虫的极大兴趣。当然，也不是所有的昆虫都适合采用这种技术，是否适合很大程度上取决于昆虫的生活习性、种群密度和对辐射的反应。英国正在进行诸多实验，希望能用这种方法对付罗德西亚的采采蝇。这种昆虫在非洲三分之一的土地上肆虐，不仅对人类健康构成了威胁，而且妨碍了450万平方英里草原上的畜牧业。采采蝇的习性与螺旋蝇截然不同，虽然辐射也可以使其绝育，但在应用之前还需要解决一部分技术难题。

英国已经测试了很多其他昆虫对辐射的敏感性。美国科学家通过在夏威夷的实验室的测试以及遥远的罗塔岛上的实地实验，得出了一些关于瓜蝇以及东方和地中海果蝇的令人欣慰的阶段性成果，玉米螟和蔗螟也接受了测试。有可能这些对人类影响较大的昆虫都可以通过绝育技术实现控制。一位智利科学家指出，虽然使用了杀虫剂，疟蚊在智利依然存在；只有投放绝育雄蚊才可能给疟蚊致命一击。

辐射绝育困难重重，所以人们开始寻求其他效果类似的办法。现在，越来越多的人开始关注不育剂。佛罗里达州的奥兰多农业实验室的科学家们，在实验室里和野外把化学药剂掺入家蝇喜爱的食物中，来使它们不育。1961年，在佛罗里达群岛的一座小岛上，一个苍蝇群落在5周内就被彻底消灭了。之后，由于附近岛屿上苍蝇的蔓延，蝇群得到了恢复，但是作为一项试验，此举无疑是成功的。不难理解，农业部一定会为这个方法兴奋不已。首先，正如我们所见，杀虫剂已经无法控制家蝇了。毫无疑问，我们迫切需要一个全新的控制方法。辐射绝育的一个问题就是，它不仅需要人工培养，而且投放的绝育雄蝇数量要远远超过野生雄蝇的总数。螺旋蝇的数量不算多，因此可以实现投放。家蝇就不同了，投放会使其数量成倍增加，尽管只是暂时的，肯定也会遭到人们的反对。另外，把不育剂藏在诱饵里，然后放置在自然环境中，苍蝇吃了这种食物就会绝育，经过一段时间，不育苍蝇就会成为主宰，慢慢地它们就会自行灭绝了。

绝育剂试验效果的测试要比化学药剂的检测困难多了。评估一种化学绝育剂需要 30 天，当然，可以同时进行多种实验。从 1958 年 4 月到 1961 年 12 月，奥兰多实验室对几百种化学药剂的绝育效果进行了筛选。

即使只挑选出几种有希望的药剂，农业部也感到很兴奋。现在，农业部的其他实验室也在研究这个问题，即检测化学药剂在螯蝇、蚊子、棉籽象鼻虫以及各种果蝇身上的效果。目前所有的项目还处于试验阶段，但是这项工作在短短几年之内进展得非常迅速。在理论上，它还有很多吸引人的特性。尼普林博士指出："有效的绝育化学剂很容易超越最好的杀虫剂。"想象一下，一个数量为 100 万的昆虫种群每过一代就增加 5 倍，杀虫剂能够杀死每代昆虫的百分之 90 的话，三代过后还剩下 12.5 万只。相比之下，如果能使百分之 90 昆虫不育的化学剂投入使用，过相同时间后，只会剩下 125 只昆虫。

从另一方面看，一些绝育剂属于强力化学品。幸运的是，研究人员至少从一开始就十分注意选取安全的化学品和使用方法。尽管如此，还是有人建议从空中喷洒绝育剂——例如，在舞毒蛾幼虫破坏的叶子上喷药。在没有彻底研究其危害之前进行这样的尝试是极不负责任的。如果不把绝育剂的潜在危害铭记在心，我们很容易陷入比杀虫剂问题更糟糕的困境之中。

现在进行测试的绝育剂分为两大类，它们的作用方式都很有趣。第一类与细胞的新陈代谢有关，它们与细胞或者组织所需的物质非常像，以至于生物体会把它们"误认为"真正的代谢物，从而把它们纳入正常的生长过程，但是在细节上就会出现一些问题，导致生长过程陷于停滞。这种化学物质叫作抗代谢物。

第二类物质是作用于染色体的化学品，它们可能对基因的化学成分产生影响，而导致染色体断裂。这类绝育剂属于烷化剂，这是一种反应强烈的化学物质，它可以严重破坏细胞、损伤染色体、引发突变。伦敦切斯特比蒂研究院的皮特·亚历山大博士认为："所有能使昆虫绝育的烷化剂都可能是强力诱变剂和致癌物质。"亚历山大博士感觉，设想一下这些化学物质如果用于昆虫防治的话，肯定会遭到最激烈的反对。因此，我们希望通过实验不仅能够找到这些化学品的实际用途，还能发现其他安全的、更有针对性的化学药剂……

目前所进行的研究中，一些项目颇为有趣，就是利用昆虫的某些习性制造对付它们的武器。昆虫会产生各种毒液、引诱剂、驱斥剂。这些分泌物有什么样的化学性质呢？我们能把它们用作特定的杀虫剂吗？康奈尔大学以及其他地方的科学家正在研究昆虫的防御机制和其分泌物的化学结构，试图找到问题的答案。另外一些科学家正在研究所谓的"保幼激素"，这是一种强力物质，能够保证幼虫到了一定阶段才会发生变化。

引诱剂的发明可能是对昆虫分泌物最直接、最有用的探索结果。这一次，又是自然为我们指明了方向。舞毒蛾就是一个很有趣的例子。雌蛾身体过重，飞不起来，只能在地面或者接近地面的地方生活。它们在低矮的植被里活动，或者在树干上爬行。相反，雄蛾飞行能力很强，它们会被雌蛾的特殊腺体释放的一种气味吸引，甚至会从很远的地方飞来。多年来，昆虫学家一直利用舞毒蛾的这种习性，他们不辞辛苦地从雌蛾体内提取这种引诱剂，然后在昆虫分布的边缘地带使用来调查昆虫的数量。但是这一方法花费不菲。尽管东北部各州都有虫害现象，但是并没有足够的雌舞毒蛾来提供引诱剂，因此必须从欧洲进口人工收集的雌蛹，有时候每只蛹的成本高达0.5美元。经过多年的努力，近来农业部的化学家成功分离出了这种引诱剂，这是一大突破。由于这一发现，科学家们成功地用海狸油成分制成了合成材料，它与天然引诱剂效果一样，足以骗过雄蛾。

每个捕虫器中只需1微克（1/1000000克）就足够了。这远远超出了学术意义，因为这种全新的、经济的"引诱剂"不仅可以用于昆虫调查，还可以用于昆虫防治。现在，人们正在试验引诱剂的几种更诱人的潜在用途。在这种叫作心理战的实验中，在一种颗粒材料中加入引诱剂，从飞机上洒下。这样做的目的是迷惑雄蛾，使其改变正常行为，在到处弥漫的气味中找不到雌蛾。有的实验是引诱雄蛾与假雌蛾交配，使用的也是这种方法。在实验室中，只需用引诱剂恰当地浸染一些小东西，就能引诱雄蛾与小木片、蛭石以及其他无生命的小物品交配。这种误导舞毒蛾交配的方法是否能减少昆虫的数量还不得而知，但这种可能性非常有意思。

舞毒蛾引诱剂是首例人工合成的性引诱剂，可能很快就会有其他引诱剂研制出来。科学家们正在研究适用于各种农业害虫的人工引诱剂。其中，海森蝇和烟草天蛾的实验效果令人振奋。人们正在尝试把引诱剂和毒剂结合在一起来对付一些昆虫。政府机构的科学家研制出了一种叫作"甲基丁香酚"的引诱剂，东方果蝇和瓜蝇会对此情不自已。人们把这种引诱剂与一种毒素相结合，在距离日本南部450英里的小笠原群岛进行了实验。用这两种物质浸染纤维板细片，然后用飞机洒遍整个群岛来捕杀雄蝇。这项"捕杀雄蝇"的计划开始于1960年。一年之后，农业部估算99%的昆虫被消灭了。这种做法明显优于使用传统的杀虫剂。使用的有机磷毒素只存在于纤维板上，不会被野生动物吃掉。此外，残留物消散迅速，不会对土壤和水源造成污染。

但是，昆虫间的交流并不是完全凭着吸引或者排斥的气味实现的。几种雄蛾能够听到蝙蝠飞行时发出的超声波（像雷达系统一样在夜间导航），从而避免被捕食。一些锯蝇幼虫听到寄生蝇拍动翅膀的声音后，会挤成一团保护自己。从另一方面讲，钻木昆虫振翅的声音也会使寄生虫找到它们；对于雄蚊而言，雌蚊拍翅就是唱情歌来勾引它。

我们能利用昆虫探测声音和对此做出反应的能力做些什么呢？虽然处于试验阶段，但是反复播放雌蚊拍翅的声音成功地吸引了雄蚊，这十分令人感兴趣。雄蚊被引诱到一张电网上丧了命。加拿大正在试验超声波的趋避效应，以对付玉米螟和糖蛾。夏威夷大学两位研究动物声音的权威人物休伯特·弗林斯教授和马博·弗林斯教授相信，只要找到正确的方法，就可以利用现有的昆虫接收和发出声音的知识来影响野外昆虫的行为。趋避声音可能比引诱声音的实用前景更光明。他们发现，八哥听到同伴痛苦的尖叫会四散逃离，这个发现使两位教授闻名遐迩。这个发现可能可以应用于昆虫。对于工业领域的实干家而言，这种方法可能货真价实，至少已经有一家大型电子公司准备设立实验室进行试验了。

声音也可以用来直接杀死昆虫。超声波可以杀死实验槽里所有的蚊子幼虫，但也能杀死其他水生动物。在其他实验中，空气中的超声波几秒内就可以杀死绿头苍蝇、粉虱以及黄热病蚊子。所有这些实验还只是迈向全新昆虫防治理念的第一步，将来神奇的电子学可能会把这一切都变成现实……

新生的生物防治并不限于电子学、γ射线和人类的其他发明。有的方法由来已久，它们的原理是：跟我们一样，昆虫也会得病。就像古代的瘟疫一样，细菌感染也能摧毁整个昆虫种群；在病毒的攻击下，大批昆虫会患病并死去。早在亚里士多德时代之前，人们就知道昆虫也会患病；中世纪诗歌中就记载了桑蚕患病的事例。通过对这一物种疾病的研究，巴斯德在人类历史上首次发现了传染病的原理。

困扰昆虫的不仅包括病毒和细菌，还有真菌、原生动物、微型蠕虫以及其他有益的微小生物。微生物不只是病原体，有的还可以处理废物、使土壤更加肥沃，而且能够进入无数的生物代谢过程，例如发酵和硝化作用等。为什么不让它们帮我们控制昆虫呢？

19 世纪的动物学家艾利·梅契尼科夫是第一个想到利用微生物的人。在 19 世纪最后 10 年和 20 世纪前半叶，微生物防治的理念逐渐成型。20 世纪 30 年代末，利用乳白病治理日本甲虫证明了我们可以在其环境中引入一种疾病来控制甲虫，而这种疾病是由芽孢杆菌引起的。我在第七章已经提过，这一经典案例在美国东部有着悠久的历史。

现在，人们对苏云金杆菌的实验寄予厚望。1911 年，在德国图林根省，人们发现这种细菌会导致面粉蛾幼虫患上致命的白血病。实际上，这种细菌的杀伤力来源于毒性，而不是疾病。在这种细菌的植物性枝芽中，形成了芽孢和一种由蛋白质构成的特殊晶体物质，而这种蛋白质对一些昆虫有很强的毒性，尤其是像蛾一样的鳞翅类昆虫。幼虫吃了带有这种毒素的叶子后，会出现麻痹、无法进食的症状，很快就死去。实际看来，停止进食的效果是一大利好，因为只要投放了这种病菌，昆虫对庄稼的破坏就会立刻停止。现在，美国的几个公司正在生产不同品牌的苏云金杆菌芽孢化合物。几个国家正在进行实地测试：法国和德国测试菜粉蝶的幼虫，前南斯拉夫检测美国白蛾，苏联检验天幕毛虫。在巴拿马，试验始于 1961 年，这种细菌杀虫剂可能会解决当地香蕉种植户所面临的严重问题。那里的根蛀虫对香蕉树危害严重，它们破坏树根，使香蕉树很容易被风吹倒。狄氏剂曾是对付根蛀虫唯一有效的化学药剂，但是现在它却导致了一系列灾难的发生。

根蛀虫产生了抗药性。狄氏剂还毒死了一些重要的捕食性昆虫，从而引起了一种体型短小精悍的昆虫——卷叶蛾的不断增加，其幼虫会在香蕉表面留下疤痕。有理由相信，新型微生物杀虫剂会在维系自然平衡的前提下消灭卷叶蛾和根蛀虫。

在加拿大和美国东部林区，细菌杀虫剂可能是对付蚜虫和舞毒蛾等森林害虫的重要武器。1960 年，两国都使用了苏云金杆菌商业制剂进行了实地实验，初期的结果就使人深受鼓舞。例如，在佛蒙特州，细菌防治的效果丝毫不逊色于 DDT。目前，主要的技术问题是找到一种溶液，用它把芽孢粘在常绿树木的针叶上。庄稼不存在这一问题，甚至可以使用药粉。人们已经在各种蔬菜上对细菌杀虫剂进行了实验，尤其是加利福尼亚。

与此同时，另外一个不那么引人瞩目的是关于病毒的研究。在加利福尼亚，苜蓿苗上喷了一种物质，这种物质与杀虫剂一样可以杀死苜蓿毛虫。这种溶液含有毛虫尸体的病毒，而毛虫正是感染了这种致命的病毒才死的。只需要 5 只患病的毛虫就可以提取足够的病毒治理一英亩苜蓿。在加拿大一些林区，一种病毒可以有效地控制松树锯蝇，它已经取代了杀虫剂。

前捷克斯洛伐克的科学家正在试验用原生生物对付结网毛虫及其他害虫。在美国，人们发现了一种原生生物寄生虫可以降低玉米螟产卵的能力。提到微生物杀虫剂，有人会想到滥杀无辜的细菌战。但事实并非如此。与化学品不同，昆虫病原体只针对昆虫才发挥作用。昆虫病理学的权威人士爱德华·斯坦豪斯博士强调："无论是在实验中，还是在自然界，都没有发生昆虫病原体导致脊椎动物患病的确凿案例。"

昆虫病原体针对性很强，只会影响几种昆虫——有时候只影响一种。从生物学上讲，它们不会引起高级动物或植物患病。斯坦豪斯博士还指出，自然界中昆虫的疾病只影响某些特定种类的昆虫，而不会危及宿主植物或捕食性动物。

昆虫有很多天敌，有各种微生物，还有其他昆虫。达尔文大约在1800年首次提出了可以通过增加昆虫的天敌来抑制某种昆虫的建议。这可能是最早的生物防治措施，人们一般会认为这是替代化学品的唯一方法。在美国，传统的生物防治始于1888年，其标志是在这一年，昆虫探险家的先驱艾伯特·科贝利前往澳大利亚寻找吹绵蚧的天敌，因为它们给加州柑橘产业带来了严重的威胁。我们在第十五章已经提到了，这项计划取得了巨大成功，在此后的一个世纪里，美国人开始在世界上到处寻找昆虫天敌来控制一些不速之客。在美国，一共大约有100种引进的捕食性昆虫和寄生虫存活了下来。除了科贝利引进的澳洲瓢虫外，其他昆虫的引进也取得了良好的效果。一种从日本引进的黄蜂完全控制了侵袭东部果园的某种昆虫。一些意外从中东引进的斑点苜蓿蚜虫的天敌拯救了加州的苜蓿产业。就像细腰黄蜂对日本甲虫的控制一样，寄生虫和捕食性昆虫也对舞毒蛾实现了有效抑制。据估算，对介壳虫和粉蚧的生物防治每年可以为加州节省数百万美元。加州一名著名的昆虫学家保罗·德巴赫估计，在加州每400万美元的生物防治产生的效益高达1亿美元。

在世界各地大约有40个国家成功地运用这种方法控制了害虫。与化学品相比，生物防治优势明显：成本低廉、一劳永逸、无任何残留。然而，生物防治得到的支持却寥若晨星。加州是唯一一个有正式生物防治计划的地区，而很多州居然连一个热衷于此项计划的昆虫学家都没有。也许利用昆虫天敌实现生物防治还欠缺科学上的严密性——它们对被捕食昆虫种群的影响没有做到仔细研究，投放数量也不精确，而投放数量是成败的决定性因素。

捕食性昆虫和被捕食的昆虫并不是简单的映射关系，它们共处于同一个生态系统中，因而要考虑所有的因素。传统的生物防治方法可能最适用于林区。高度人工化的现代农业与大自然的性质迥然不同。但森林不一样，更接近于自然环境。这里只需要人类蜻蜓点水式地帮点儿小忙，大自然就可以自由发挥，创造出神奇而复杂的制衡体系，而免受昆虫的过度侵害。

在美国，我们的林业人员好像只想到了引进寄生虫和捕食性昆虫的生物防治方法。加拿大人的思路更为开阔，而欧洲人最先进，他们把"森林保健学"发展到了极致。在欧洲林务员眼里，鸟类、蚂蚁、森林蜘蛛以及土壤中的细菌跟树木一样，都是其中的一部分，他们在对一片新的森林进行防治的时候，会考虑到这些保护性因素。第一步就是帮助鸟类生存。在森林集约发展的今天，老的空心树已经荡然无存，因而啄木鸟和其他以树为家的鸟类就失去了家园。这个问题可以用鸟箱来解决，这样就把鸟儿带回了森林。也有专门为猫头鹰和蝙蝠设计的箱子。这样，它们就可以接小鸟的白班，在晚上继续捕食昆虫。

但这还只是开始。欧洲林区一些别致的控制计划利用了森林红蚁作为捕食性昆虫——不过很可惜，在北美并没有这种蚂蚁。大约在25年前，维尔茨堡大学的教授卡尔·格斯瓦尔德发现了培育蚁群的方法。在他的指导下，联邦德国的90个测试点发展起了 1 万多个红蚁群。意大利以及其他国家也采用了格斯瓦尔德教授的方法，他们纷纷建立起蚂蚁农场，供给森林投放使用。比如，在亚平宁山脉，人们已经发展了数百个蚁群，以保护新造的林区。

德国莫恩市的林务官海因茨·鲁佩兹舍芬博士说："如果有鸟类和蚂蚁保护森林，还有蝙蝠和猫头鹰，说明生态平衡已经得到了改善。"他认为，为森林引进单一捕食性昆虫或者寄生虫不如各种"天然伙伴"更有效。

莫恩市林区新建的蚁群被用铁丝网保护起来了，以免啄木鸟啄食它们。在一些实验区，啄木鸟的数量在过去 10 年里增长了百分之 400，用这种方法可以避免蚁群遭到重创，还能使啄木鸟专心对付森林里的毛毛虫。大部分照料蚁群（还有鸟箱）的工作由当地学校 10 到 14 岁的孩子承担。这种做法的成本非常低，而对森林的保护却是永恒的。

鲁佩兹舍芬博士的工作另一个有趣的特征就是对蜘蛛的利用，在这方面他可能是开山鼻祖。关于蜘蛛的分类和历史虽然有大量的文献，但都零零散散、残缺不全，根本没有考虑它们在生物防治方面的价值。在已知的 2.2 万种蜘蛛中，有 760 种生活在德国（美国约有 2000 种）。德国的森林里有 29 个蜘蛛种族。

对于林务人员而言，蜘蛛最重要的特征就是它所织的网。轮网蛛是最重要的，因为它们的网最细密，可以捕捉到所有飞行昆虫。十字蜘蛛的一张大网上（直径为 16 英寸），大约有 12 万个黏性网结。一只蜘蛛在其 18 个月的生命中能消灭 2000 只昆虫。在一个生物齐全的森林里，每平方米（略大于一平方英尺）有 50 到 150 只蜘蛛。如果少于这个数目，可以收集和投放卵囊来弥补不足。鲁佩兹舍芬博士说："3只横纹金蛛（美国也有）的卵囊可以孵化1000只蜘蛛，共可捕食20万只昆虫。"在春天出现的轮网蛛弱小幼虫尤其重要，他提道，"因为它们在树枝顶端织网，这样就避免了嫩芽受到侵害。"随着蜘蛛不断脱毛长大，网也逐渐变大了。

加拿大的科学家也采取了相似的调查路线，虽然北美地区的森林多是天然形成的，而不是人工种植的，而且使之保持健康的物种也不一样。加拿大人更重视小型哺乳动物，它们在昆虫防治方面作用十分突出，尤其是那些生活在林地松软土层里的昆虫。其中有种昆虫叫锯蝇，之所以得名是因为雌锯蝇长着一个锯齿状的产卵管，它会先用锯齿状的产卵管把常青树木的针叶割开，然后把卵注入针叶内。孵化的幼虫最终会掉落在腐殖土上或者云杉和松树下的土层上，形成蝇茧。但在地面之下是小型动物的各种隧道，隧道形成了蜂巢状的世界，这些动物包括白足鼠、鼷鼠以及各种鼩鼱。贪吃的鼩鼱总能找到并吃掉最多的锯蝇茧。它们会把一只前足搭在茧上，从底部开始咀嚼，它们感觉灵敏，能准确判断是空茧还是实茧。它们拥有无与伦比的胃口：一只鼷鼠一天可以吃掉200只蝇茧，而一只鼩鼱可以吞食800只！根据实验结果看，这可能会使百分之75到百分之98的蝇茧被吃掉。

不难理解，纽芬兰岛上由于没有鼩鼱，饱受锯蝇的困扰，当地对于这些精悍高效的小动物翘首以盼，所以他们在1958年尝试引进了最有效的锯蝇捕食者——假面鼩鼱。1962年，加拿大官方宣布，这一尝试获得了成功。假面鼩鼱在岛上繁殖并扩散开来，人们在离投放点10英里的地方发现了一些标记过的鼩鼱。

对于想维持和加强森林自然生态的林业人员来说，全套武器已经准备妥当。化学防治顶多也就是权宜之计，没有任何实际效果，却杀死了河中的鱼儿，毁灭了益虫，破坏了自然生态和即将进行的生物控制。鲁佩兹舍芬博士说："森林中相互依存的关系被打破了，寄生虫灾害的间隔时间也越来越短……所以，我们必须在最重要也可能是最后的自然之地上停止人为控制。"

通过这些全新的、富有想象力和创造力的方法来解决我们与其他生物共享地球的问题，一个主题变得日渐清晰——我们如何对待其他生命，包括生物种群、它们的压力与反压力，以及它们的繁荣与衰败。只有充分考虑各种生命的力量，并谨慎地引导向有利于人类的方向发展，我们与昆虫才能和谐共存。

使用毒剂大行其道，但这种做法没有考虑这些最基本的因素。就像穴居人挥舞的原始大棒一样，化学品像子弹一般射向了各种生命。从一方面看，生命极其脆弱，很容易被破坏；从另一方面看，它又有神奇的韧性和恢复能力，能用出人意料的方式进行反击。化学防控人员在执行任务时毫无"高尚的目标"可言，面对自然的强大力量时也没有一丝谦卑，他们完全无视生命的超常能力。"控制自然"这个词产生于生物学和哲学的原始阶段，它是人类孤傲自负的写照，当时人们认为自然只是为人类提供便利的。应用昆虫学的观念和做法大都可以追溯到石器时代，如此原始的科学却用最先进、最可怕的武器把自己武装起来，对付昆虫的同时也在毁灭地球，这样的不幸确实应该使我们警醒了。